亲近经典 · 奇趣新科普

数学课里的科学秘密

董淑亮 董瑶——著

2B

适用于二年级下学期

海峡出版发行集团 THE STRAITS PUBLISHING & DISTRIBUTING GROUP | 鹭江出版社

给小读者的信

你一定是喜欢读书的小朋友！恭喜你，已经有一只脚迈进了神秘的数学大门啦！

数学课本里究竟藏着什么秘密呢？

原来，这里面藏着许多“科学知识”呢！譬如，《数据收集和整理》里写到了“小蚂蚁艺术团”表演前需要做观众调查，喜欢思考的小朋友不禁会问：“数据调查对演出有什么用？”“我们应该怎么收集观众的数据？”……要回答这些“为什么”，就赶快打开这套书吧！它会引导你以科学视角学习数学，从数学中培养科学精神、发展科学思维、形成科学素养，让你的心灵更美、更有趣！

愿这套书能够带你开启新奇的阅读之旅！

董淑亮
董璟

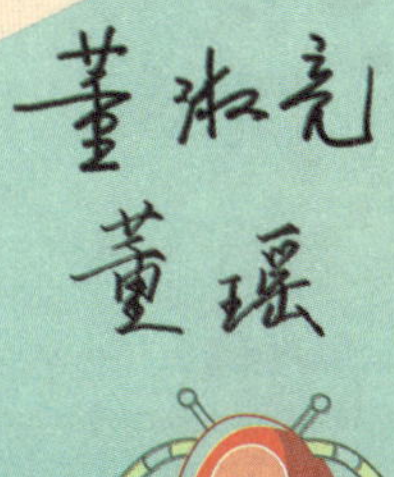

shǎn liàng dēng chǎng
闪亮登场

小猪憨憨

爱动手，爱实践，想法独特。

快和我们科考小队一起探险吧！

公鸡帅克

调皮捣蛋，贫嘴又自傲，爱给同学起外号。

嘿，你的外号是什么？

小狗汪一鸣

有点急躁，为人热情仗义，喜欢打电子游戏。

墨镜也遮不住我的帅气。

小兔子晶晶

聪明、可爱，只是有点胆小。

学数学我可不害怕。

小马哥

性格随和，爱交朋友，做事踏实。

你好，我是小马哥。

米雅老师

认真、负责，能理解学生们的想法。

多看、多想、多思考。

猪爸

古板、固执，但靠谱负责。

猪妈

乐观、聪明，是行走的百科全书。

车到山前必有路。

啄木鸟警长

机智、果断、干练，维护正义。

举起手来！

大象师傅

宽厚、豁达，会在别人有困难时帮助别人。

助人为乐是好事。

100%

即 将 开 始

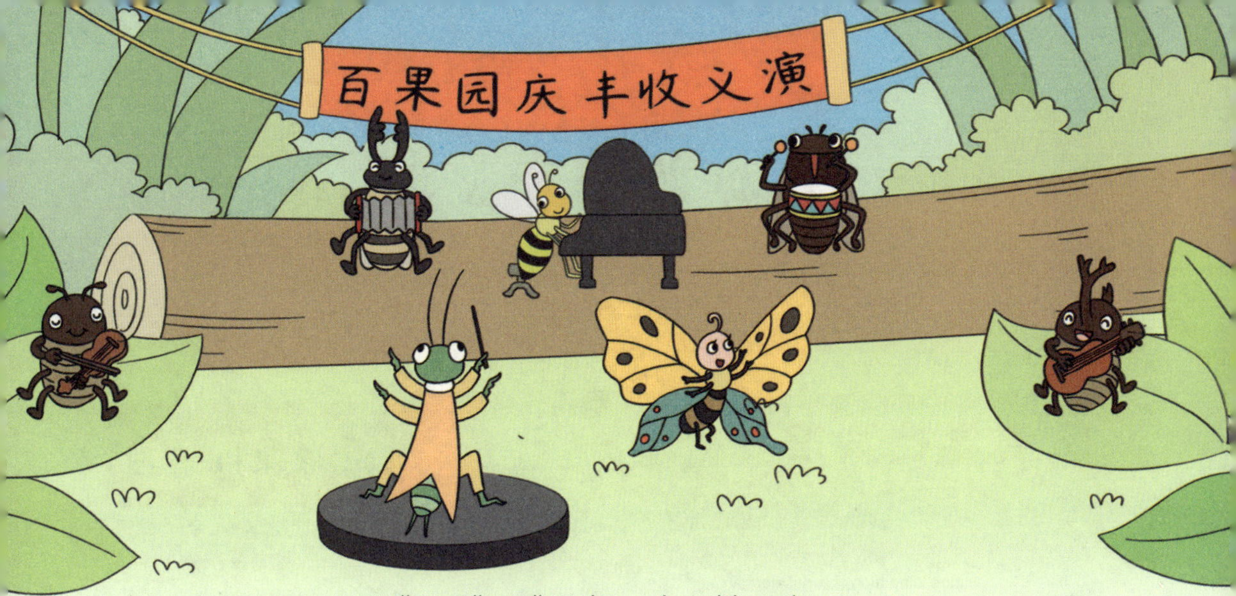

xiǎo mǎ yǐ de yì shù tuán

小蚂蚁的艺术团

shù jù shōu jí hé zhěng lǐ

——数据收集和整理

shù jù shōu jí hé zhěng lǐ suī rán shì shù xué fàn chóu de nèi róng dàn
“数据收集和整理”虽然是数学范畴的内容，但
tā zài xǔ duō lǐng yù dōu jù yǒu guǎng fàn de yìng yòng nǐ kàn xiǎo mǎ yǐ zǔ
它在许多领域都具有广泛的应用。你看，小蚂蚁组
jiàn le yí gè yì shù tuán tā men zài wèi wèn yǎn chū zhōng jiù fā xiàn le shù jù
建了一个艺术团，他们在慰问演出中就发现了“数据
shōu jí hé zhěng lǐ yǒu miào yòng
收集和整理”有妙用……

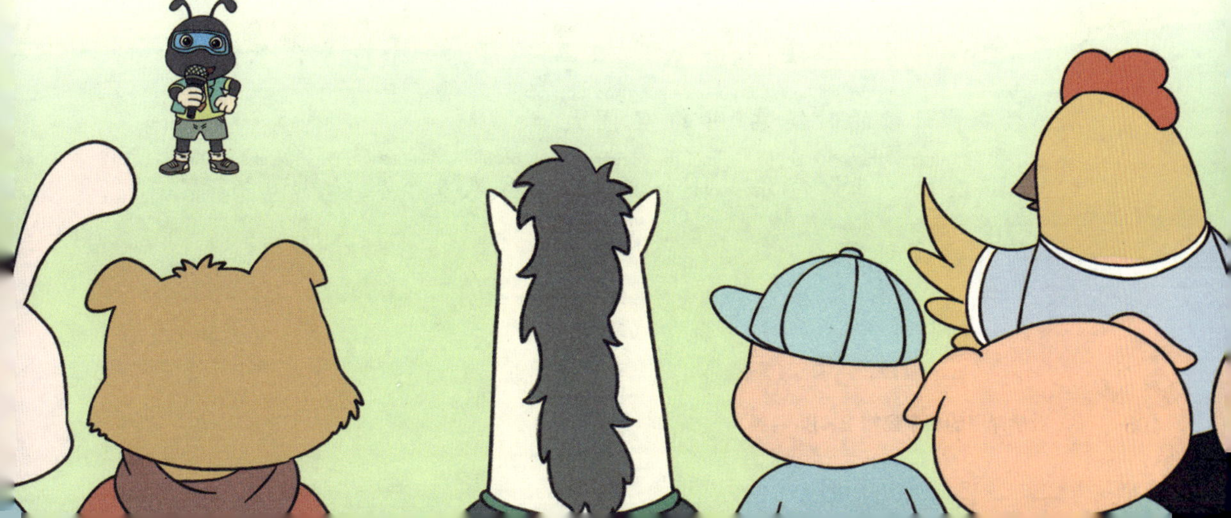

数据收集和整理

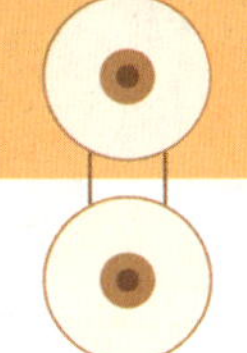

数学档案馆

数据收集和整理

数据收集

1. 确定调查对象。
2. 确定调查内容。
3. 确定调查方式（举手表决、投票、问卷调查）。
4. 收集调查数据。
5. 分析调查数据，解决问题。

注意 听清楚，不重复，填准确，不遗漏。

数据整理

统计表

把统计出来的数据填在一定格式的表格内，这种表格叫统计表。

记录方法

1. 符号代替法：打“√”或画“O”，一个符号代表一个数据，计数的时候占用的空间大。
2. 画“正”字法：每个“正”字代表5个数据，节省空间又方便计算。

fēn xī shù jù
分析数据

cóng xiàn yǒu shù jù zhōng
1. 从现有数据中

zhǎo zǒng shù　zhǎo shù jù zuì duō de　zuì shǎo de　zhǐ dìng tiáo mù
（1）找总数；（2）找数据最多的、最少的；（3）指定条目
zhǎo dào duì yìng de shù jù　zhǎo bù tóng tiáo mù zhī jiān de chā zhí　hé děng
找到对应的数据；（4）找不同条目之间的差值、和等。

cóng shù jù zhī wài
2. 从数据之外

gēn jù xiàn yǒu shù jù fēn xī wèn tí　tí chū jiàn yì　yǐ　jí　yù cè qū shì
根据现有数据分析问题、提出建议以及预测趋势。

lì　tǒng jì rú xià
例　统计如下：

课余生活	（游戏手柄）	（旅行）	（书）
人数	√√√√√	正　下	○○○○○○ ○○○○○○

课余生活	人数
玩游戏	5
去旅行	8
读书	12

fēn xī
分析：

yí gòng diào chá le　rén　qí zhōng dú shū de rén zuì duō　wán yóu xì　de rén zuì
1.一共调查了25人，其中读书的人最多，玩游戏的人最
shǎo　dú shū de　bǐ wán yóu xì　de duō le　rén
少。读书的比玩游戏的多了7人。

wán yóu xì　hé qù lǚ xíng shì yú　lè huó dòng　dú shū shì xué xí huó dòng　yú　lè huó
2.玩游戏和去旅行是娱乐活动，读书是学习活动。娱乐活
dòng de rén shù wéi　rén　xué xí huó dòng de rén shù wéi　rén　liǎng zhě jī běn chí píng
动的人数为13人，学习活动的人数为12人，两者基本持平。
jiàn yì shuāng fāng hù xiāng xué xí duì fāng de kè yú shēng huó　zuò dào yú　lè xué xí liǎng
建议双方互相学习对方的课余生活，做到娱乐学习两
bú wù
不误。

yòng huà　zhèng　zì de fāng fǎ　jì　lù shù jù　kē xué jiǎn biàn
用画“正”字的方法记录数据科学简便。

xiǎo mǎ yǐ de yì shù tuán

小蚂蚁的艺术团

kē xué qù wèi gù shi

科学趣味故事

chūn tiān shì měi hǎo de jì jié huáng lí zài zhī tóu chàng gē yàn zi tiē
春天是美好的季节，黄鹂在枝头唱歌，燕子贴
zhe shuǐ miàn wǔ dǎo gòng tóng gòu chéng le yí gè qí miào de yì shù shì jiè
着水面舞蹈，共同构成了一个奇妙的艺术世界。

xiǎo mǎ yǐ dīng dīng zhàn zài cǎo jiān shàng kàn de rù le mí xīn xiǎng yào
小蚂蚁丁丁站在草尖上，看得入了迷，心想：要
shi néng chéng lì yí gè yóu kūn chóng jiā zú chéng yuán zǔ chéng de yì shù tuán gāi
是能成立一个由昆虫家族成员组成的艺术团，该
yǒu duō hǎo ya
有多好呀……

1 人才济济的艺术团

丁丁是说干就干的，一点也不拖泥带水，而且很有办法。他找到了米雅老师，请她帮忙组建艺术团。

“成立艺术团，这是件好事，我们一定想办法帮助你。”米雅老师沉思着说，“首先要调查研究，看看哪些昆虫有艺术天赋和表演才能。”

“说得对。”丁丁连声说，“高见，高见！”

米雅老师接着说：“在唱歌表演艺术上，公鸡帅克很优秀，可是他不属于昆虫，不能作为昆虫艺术团的成员。但我考虑请他做艺术顾问，可以吗？”

“可以啊。”丁丁十分感谢。随后，米雅老师安排帅克和丁丁一起招募“小蚂蚁艺术团”成员。

“我来设计一份表格，统计一下昆虫家族的艺术资源。”帅克立即进入了工作状态。

丁丁拿到“小蚂蚁艺术团”调查表以后，睁大眼睛看了起来：

xiǎo mǎ yǐ yì shù tuán diào chá biǎo
小蚂蚁艺术团 调查表

xù hào 序号	xìng míng 姓名	zhù suǒ 住所	tè cháng 特长	bèi zhù 备注
1	hú dié 蝴蝶	huā cóng 花丛	wǔ dǎo 舞蹈	
2	mì fēng 蜜蜂	huā cóng 花丛	wǔ dǎo 舞蹈	dào zì wǔ 倒8字舞
3	chán zhī liǎo 蝉（知了）	dà shù 大树	chàng gē 唱歌	hé chàng 合唱
4	xī shuài 蟋蟀	cǎo cóng 草丛	chàng gē 唱歌	dú chàng 独唱
5	táng láng 螳螂	guàn mù 灌木	hé chàng zhǐ huī 合唱指挥	
6	qīng tíng 蜻蜓	lí ba qiáng 篱笆墙	dú wǔ 独舞	
7	tiào zao 跳蚤	cǎo cóng 草丛	yì shù tǐ cāo 艺术体操	
……	……	……	……	

hēi diào chá biǎo lǐ míng jiā rú yún hú dié mì fēng dīng dīng yì biān kàn yì biān dé yì de cuō zhe jiǎo
“嘿，调查表里名家如云，蝴蝶、蜜蜂……”丁丁一边看，一边得意地搓着脚。

suí hòu xiǎo mǎ yǐ yì shù tuán xuān gào chéng lì
随后，“小蚂蚁艺术团”宣告成立。

lěng lěng qīng qīng de shǒu chǎng yǎn chū
2 冷冷清清的首场演出

hé xù de dōng nán fēng bǎ xiǎo mài de kē lì chuī de yuè lái yuè bǎo mǎn
和煦的东南风，把小麦的颗粒吹得越来越饱满。

xiǎo mǎ yǐ yì shù tuán de shǒu chǎng yǎn chū jiù fàng zài jù lí hóng
“小蚂蚁艺术团”的首场演出，就放在距离红

shān sēn lín gōng yuán bù yuǎn de yí piàn mài tián lǐ zhǔ tí shì wèi wèn shēng huó
山森林公园不远的一片麦田里，主题是“慰问生活

zài xiǎo mài tián lǐ de kūn chóng
在小麦田里的昆虫”。

yè mù jiàn jiàn jiàng lín kě shì shēng huó zài xiǎo mài tián lǐ de kūn chóng
夜幕渐渐降临，可是，生活在小麦田里的昆虫

men yí gè dōu méi yǒu qián lái guān kàn yǎn chū
们，一个都没有前来观看演出。

tū rán yì zhī biān fú dào lái wèn dào wǒ néng lái guān kàn ma
突然，一只蝙蝠到来，问道：“我能来观看吗？”

shuài kè hé biān fú shuō duì bù qǐ zhè chǎng yǎn chū shì zhuān mén wèi
帅克和蝙蝠说：“对不起，这场演出是专门为

xiǎo mài tián lǐ de kūn chóng zhǔn bèi de nǐ shǔ yú shòu lèi bìng bù shǔ yú kūn
小麦田里的昆虫准备的，你属于兽类，并不属于昆

chóng suǒ yǐ bù néng jìn qù
虫，所以不能进去。”

biān fú tīng hòu shī wàng de lí kāi le
蝙蝠听后，失望地离开了。

zhèng dāng dà jiā gǎn dào jǔ sàng shí yì tiáo xiǎo huā shé cóng mài tián lǐ qiǎo
正当大家感到沮丧时，一条小花蛇从麦田里悄

rán chū xiàn wèn dào wǒ kě bù kě yǐ dāng yì huí guān zhòng bì jìng wǒ
然出现，问道：“我可不可以当一回观众？毕竟，我

shì xiǎo mài tián lǐ de lǎo jū mín a
是小麦田里的老居民啊！”

shuài kè duì xiǎo huā shé shuō suī rán nǐ shì xiǎo mài tián lǐ de lǎo jū mín
帅克对小花蛇说：“虽然你是小麦田里的老居民，

dàn shì bù shǔ yú kūn chóng jiā zú de chéng yuán suǒ yǐ zhè chǎng yǎn chū bù
但是不属于昆虫家族的成员，所以这场演出不

néng kàn
能看。”

xiǎo huā shé wú nài de huí dào le mài tián biān de shuǐ gōu lǐ
小花蛇无奈地回到了麦田边的水沟里。

kē kǎo shǒu cè
科考手册

shé de shēn shàng zhǎng zhe yì gēn jǐ zhuī
蛇的身上长着一根脊椎

gǔ shǔ yú pá xíng dòng wù
骨，属于爬行动物。

shēng huó zài zhè piàn mài tián lǐ de kūn chóng zǎo dōu bān jiā le zhè shí
“生活在这片麦田里的昆虫早都搬家了。”这时，

yì zhī māo tóu yīng chèn zhe mù sè fēi le guò lái
一只猫头鹰趁着暮色飞了过来。

māo tóu yīng gào su dīng dīng yǐ qián yǒu xǔ duō kūn chóng shēng huó zài zhè piàn
猫头鹰告诉丁丁，以前有许多昆虫生活在这片

xiǎo mài tián lǐ kě shì yǒu yì tiān yí wèi dài yǎn jìng de nóng yè jì shù yuán lái
小麦田里。可是有一天，一位戴眼镜的农业技术员来

dào xiǎo mài tián wèi le tí gāo xiǎo mài chǎn liàng jiǎn shǎo xiǎo mài sǔn shī tā huì
到小麦田，为了提高小麦产量、减少小麦损失，他绘

zhì le yì zhāng mài tián hài chóng tǒng jì tú jiāng xī jiāng chóng mài yè fēng
制了一张《麦田害虫统计图》，将吸浆虫、麦叶蜂、

mài yá děng kūn chóng liè le jìn qù hái zài tǒng jì tú zhōng biāo chū zhè xiē kūn
麦蚜等昆虫列了进去，还在统计图中标出这些昆

chóng de tè xìng duì xiǎo mài bù tóng shēng zhǎng qī de wēi hài duì xiǎo mài chǎn
虫的特性，对小麦不同生长期的危害，对小麦产

liàng de yǐng xiǎng yǐ jí kě yǐ zhú yī miè shā de nóng yào hòu lái zhè xiē
量的影响，以及可以逐一灭杀的农药……后来，这些

kūn chóng wén dào le cì bí de nóng yào wèi fēn fēn táo lí le xiǎo mài tián
昆虫闻到了刺鼻的农药味，纷纷逃离了小麦田。

dīng dīng zhī dào xiāo xi yǐ hòu zhǐ hǎo xuān bù qǔ xiāo zhè cì yǎn chū
丁丁知道消息以后，只好宣布取消这次演出。

xiǎo mǎ yǐ yì shù tuán de yǎn yuán men yě dōu shí fēn lǐ jiě méi yǒu
“小蚂蚁艺术团”的演员们也都十分理解：没有
guān zhòng yǎn chū hái yǒu shén me yì yì ne
观众，演出还有什么意义呢？

rè rè nào nào de qìng fēng shōu yì yǎn
3 热热闹闹的庆丰收义演

xiǎo mài tián lǐ de shǒu chǎng yǎn chū zài wú rén wèn jīn zhōng jiàng xià le wéi mù
小麦田里的首场演出在无人问津中降下了帷幕。

dīng dīng yǒu xiē shāng xīn shí fēn hòu huǐ shì qián méi yǒu jìn xíng guān zhòng diào chá bǎ shǒu chǎng yǎn chū ān pái zài xiǎo mài tián běn shēn jiù shì gè shī wù
丁丁有些伤心，十分后悔事前没有进行观众调查，把首场演出安排在小麦田，本身就是个失误。

mǐ yǎ lǎo shī dé zhī zhè jiàn shì hòu tí chū le tā de jiàn yì
米雅老师得知这件事后，提出了她的建议。

dīng dīng zuò wéi yì shù tuán de tuán zhǎng nǐ yīng gāi tí qián zhì dìng yǎn chū jì huà bìng jìn xíng diào chá yán jiū dà xiàng shī fu gāng gāng gěi wǒ dǎ le diàn huà tā gào su wǒ jīn nián bǎi guǒ yuán jí jiāng fēng shōu nǐ de yì shù tuán kě yǐ qù nà lǐ jǔ bàn yí cì yì yǎn yí dìng huì hěn shòu huān yíng de
“丁丁，作为艺术团的团长，你应该提前制订演出计划并进行调查研究。大象师傅刚刚给我打了电话，他告诉我，今年百果园即将丰收。你的艺术团，可以去那里举办一次义演，一定会很受欢迎的。”

qìng fēng shōu yì yǎn nǐ men zěn me zhī dào guǒ yuán huì dà fēng shōu dīng dīng bù jiě de wèn
“庆丰收义演？你们怎么知道果园会大丰收？”丁丁不解地问。

yuán lái dà xiàng shī fu xiǎng yāo qǐng mǐ yǎ lǎo shī hé tā de xué shēng dào guǒ yuán lǐ cān jiā yí gè pǐn cháng xiān táo huì dà xiàng shī fu huì zhì le yì
原来，大象师傅想邀请米雅老师和她的学生到果园里参加一个“品尝鲜桃会”。大象师傅绘制了一张统计图，把百果园桃子的品种、棵数、挂颗数目、桃园的面积等数据都统计出来，预估出了每亩桃园能结出多少千克桃子。他相信，今年一定会丰收。

果园大丰收

“原来如此。”丁丁决定明天晚上就举办一场“百果园庆丰收义演”，他从首场演出的教训中吸取经验，不再限制观众范围，只要愿意，谁都可以来观看。

当大象师傅在百果园的活动中心用大喇叭一喊，知了们在果园边的大树上高歌一曲，观众们就纷纷跑来了——有从水里游过来的青蛙，有从树上飞来的麻雀，有从泥土里钻出来的地老虎，还有从桃

shù shàng pǎo lái de yá chóng guān zhòng xí shàng jǐ de mǎn mǎn de dà jiā dōu
树上跑来的蚜虫。观众席上挤得满满的，大家都
zài qī dài zhe yǎn chū kāi shǐ
在期待着演出开始。

wǔ tái shàng táng láng zhǐ huī yuè duì zòu xiǎng dòng rén de yuè qǔ xī shuài
舞台上，螳螂指挥乐队奏响动人的乐曲；蟋蟀
de dú chàng lìng rén rè lèi yíng kuàng mì fēng de dào zì wǔ shì jì qiǎo yú
的独唱，令人热泪盈眶；蜜蜂的倒8字舞，是技巧与
yì shù de jié hé guān zhòng men bù jīn zhǎng shēng léi dòng fēn fēn wèi zhè chǎng
艺术的结合。观众们不禁掌声雷动，纷纷为这场
biǎo yǎn hè cǎi
表演喝彩。

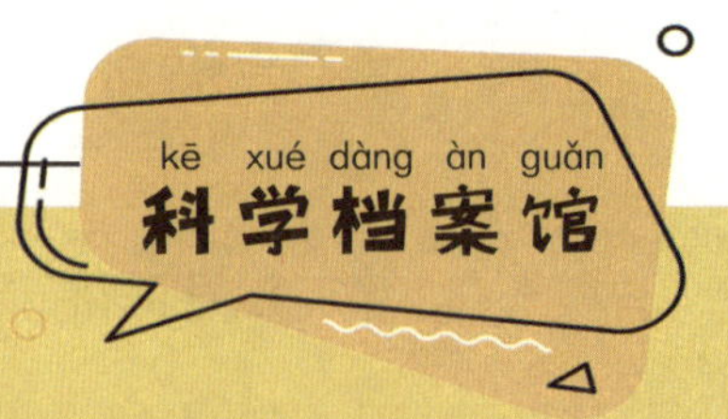

yì bān tǒng jì tú de lèi xíng hé zuò yòng
一般统计图的类型和作用

tiáo xíng tǒng jì tú zhǔ yào shì yòng yú fǎn yìng shù liàng de duō shǎo
条形统计图：主要是用于反映数量的多少。

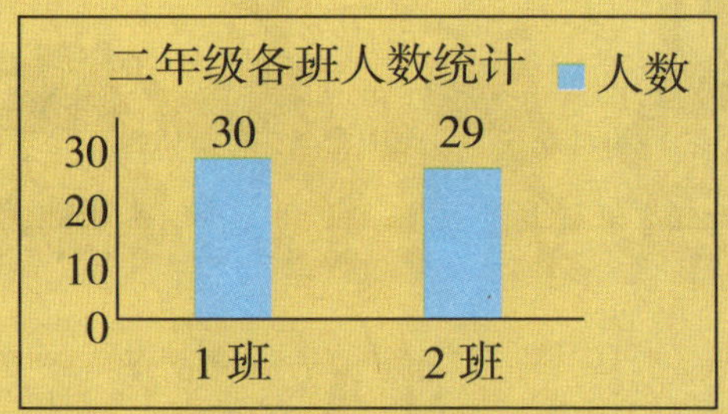

zhé xiàn tǒng jì tú zhǔ yào shì yòng yú fǎn yìng shù liàng de biàn huà qū shì
折线统计图：主要是用于反映数量的变化趋势。

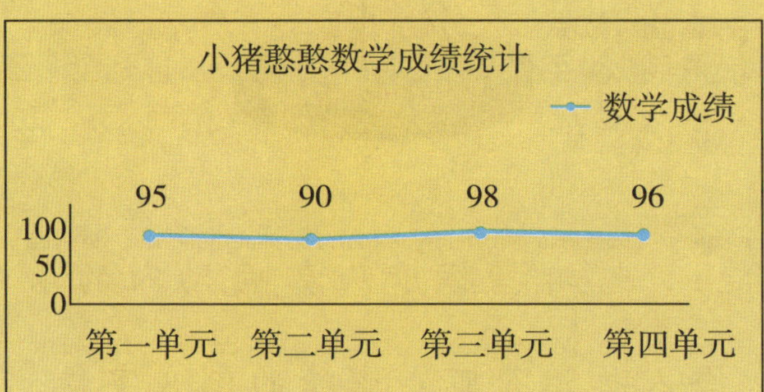

shàn xíng tǒng jì tú zhǔ yào shì yòng yú fǎn yìng gè bù fen shù liàng yǔ zhěng tǐ shù liàng zhī jiān de guān xi
扇形统计图：主要是用于反映各部分数量与整体数量之间的关系。

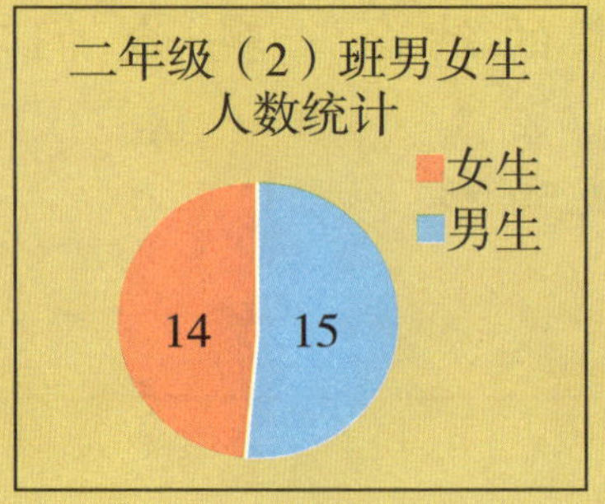

kūn chóng zhēn de néng wēi hài xiǎo mài
昆虫真的能危害小麦
de shēng zhǎng ma
的生长吗？

xiǎo xiǎo kē xué jiā
小小科学家

xī jiāng chóng xī jiāng chóng de yòu chóng huì qián fú zài xiǎo mài yǐng ké nèi xī
吸浆虫： 吸浆虫的幼虫会潜伏在小麦颖壳内，吸
shí zhèng zài guàn jiāng de mài lì zhī yè zào chéng xiǎo
食正在灌浆的麦粒汁液，造成小
mài zǐ lì fā yù bù liáng chū xiàn bǐ lì hé kōng ké de
麦籽粒发育不良，出现秕粒和空壳的
qíng kuàng xī jiāng chóng de yòu chóng hái kě néng duì xiǎo
情况。吸浆虫的幼虫还可能对小
mài de huā qì zào chéng sǔn hài
麦的花器造成损害。

mài yá tā men huì dà liàng jù jí zài yè piàn
麦蚜： 它们会大量聚集在叶片、
jīng gǎn hé suì bù xī shí zhí wù zhī yè bèi hài chù qǐ
茎秆和穗部吸食植物汁液。被害处起
chū chéng xiàn huáng sè xiǎo bān hòu lái huì xíng chéng tiáo
初呈现黄色小斑，后来会形成条
bān shǐ jú bù kū wěi shèn zhì dǎo zhì zhěng zhū kū sǐ
斑，使局部枯萎，甚至导致整株枯死。

mài yè fēng mài yè fēng de yòu chóng yǐ xiǎo mài yè piàn
麦叶蜂： 麦叶蜂的幼虫以小麦叶片
wéi shí tā men huì yǎo shí mài yè biān yuán zào chéng quē
为食，它们会咬食麦叶边缘，造成缺
kè yán zhòng de qíng kuàng xià huì jiāng yè jiān wán quán chī
刻，严重的情况下，会将叶尖完全吃
guāng duì xiǎo mài zhí zhū zào chéng míng xiǎn de wēi hài
光，对小麦植株造成明显的危害。

zhū mā de dà shí táng biǎo nèi chú fǎ yī

猪妈的大食堂——表内除法（一）

zài wǒ men de rì cháng shēng huó zhōng jīng cháng huì yù dào yì xiē yǔ píng jūn fēn qiú měi fèn shù hé qiú fèn shù xiāng guān de wèn tí zhū mā cāo bàn dòng wù xiǎo xué dà shí táng shí jiù shēn kè tǐ huì dào zhè xiē shù xué zhī shi zài rén tǐ yíng yǎng xué zhōng de miào yòng

在我们的日常生活中，经常会遇到一些与平均分、求每份数和求份数相关的问题。猪妈操办动物小学大食堂时，就深刻体会到这些数学知识在人体营养学中的妙用。

biǎo nèi chú fǎ yī
表内除法（一）

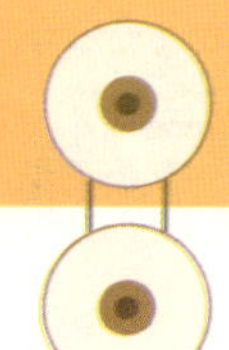

shù xué dàng àn guǎn
数学档案馆

biǎo nèi chú fǎ yī
表内除法（一）

hán yì
含义

píng jūn fēn
平均分

bǎ yì xiē wù pǐn fēn chéng jǐ fèn měi fèn fēn de tóng yàng duō
把一些物品分成几份，每份分得同样多。

fēn fǎ
分法

àn zhǐ dìng de fèn shù píng jūn fēn
1. 按指定的份数平均分

fēn fèn
分3份：  

zǒng shù fèn shù měi fèn shù
总数6，份数3，每份数2

àn měi jǐ gè yí fèn píng jūn fēn
2. 按每几个一份平均分

měi fèn fēn gè
每份分3个： 

zǒng shù měi fèn shù fèn shù
总数6，每份数3，份数2

chú fǎ
除法

píng jūn fēn kě yǐ yòng chú fǎ suàn shì biǎo shì
平均分可以用除法算式表示。

zǒng shù fèn shù měi fèn shù
1. 总数 ÷ 份数 = 每份数

zǒng shù měi fèn shù fèn shù
2. 总数 ÷ 每份数 = 份数

6 ÷ 3 = 2

bèi chú shù chú shù shāng
被除数　除数　商

dú fǎ chú yǐ děng yú
读法：6 除以 3 等于 2

yòng de chéng fǎ kǒu jué qiú shāng
用2~6的乘法口诀求商

kàn dào chú fǎ suàn shì shí chú shù shì jǐ jiù xiǎng jǐ de chéng fǎ kǒu jué xiǎng chú shù bèi chú shù zài gēn jù chéng fǎ kǒu jué jì suàn dé shāng
看到除法算式时，除数是几，就想几的乘法口诀。想“除数 ×（ ）= 被除数”，再根据乘法口诀计算得商。

6 ÷ 3 = 2

èr sān dé liù
（二）三得六

jiě jué wèn tí
解决问题

qiú měi fèn shù　bǎ yí gè shù liàng àn zhǐ dìng de fèn shù píng jūn fēn　qiú měi fèn shì duō shǎo

1. 求每份数：把一个数量按指定的份数平均分，求每份是多少。

zǒng shù　fèn shù　měi fèn shù

总数 ÷ 份数 = 每份数

lì　jià wán jù xiǎo fēi jī　píng jūn fēn gěi　gè nián jí　měi gè nián jí néng fēn duō shǎo jià

例 18架玩具小飞机，平均分给6个年级，每个年级能分多少架？

jià

$18 \div 6 = 3$（架）

qiú fèn shù　bǎ yí gè shù liàng àn měi jǐ gè yí fèn píng jūn fēn　qiú néng píng jūn fēn chéng jǐ fèn

2. 求份数：把一个数量按每几个一份平均分，求能平均分成几份。

zǒng shù　měi fèn shù　fèn shù

总数 ÷ 每份数 = 份数

lì　jià wán jù xiǎo fēi jī　měi gè nián jí fēn dào　jià　néng fēn gěi duō shǎo gè nián jí

例 18架玩具小飞机，每个年级分到3架，能分给多少个年级？

gè

$18 \div 3 = 6$（个）

chú fǎ shì chéng fǎ de nì yùn suàn　bèi chú shù　chú shù　shāng

除法是乘法的逆运算：被除数 = 除数 × 商

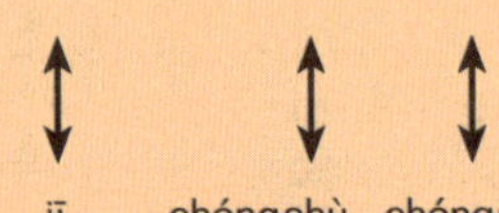

jī　chéng shù　chéng shù

积 = 乘数 × 乘数

猪妈的大食堂

科学趣味故事

新学期开学，猪妈获得了动物小学食堂的经营权，成了食堂的老板，全家人都很高兴。

可是，鸬鹚校长的三个叮嘱让猪妈不敢有一丝懈怠：一是要公平公正，二是要健康卫生，三是要营养均衡。

fēn pèi píngguǒ

1 分配苹果

zhū mā zài xīn zhōng yì zhí láo jì zhe zhè sān xiàng tè bié shì yào zuò dào
猪妈在心中一直牢记着这三项，特别是要做到
gōng píng gōng zhèng tā jiāng qí shì wéi yí xiàng zhòng yào zé rèn bìng yǔ quán
“公平公正”，她将其视为一项重要责任，并与全
jiā rén jìn xíng tǎo lùn
家人进行讨论。

shén me shì gōng píng gōng zhèng jiù shì bù néng yǒu sī xīn bǐ rú
“什么是公平公正？就是不能有私心。比如，
gěi ér zi zhǔn bèi wǔ cān shí bù néng tōu tōu de duō jiā yí kuài ròu gěi tā yào
给儿子准备午餐时，不能偷偷地多夹一块肉给他，要
yí shì tóng rén zhū bà gǒng le gǒng dà zuǐ ba shuō dào wǒ men yào píng liáng
一视同仁。”猪爸拱了拱大嘴巴说道，“我们要凭良
xīn qù zuò shì
心去做事。”

zhū mā tīng le zàn tóng de diǎn diǎn tóu
猪妈听了，赞同地点点头。

hòu lái dà xiàng shī fu cóng bǎi guǒ yuán sòng lái le yì xiāng píng guǒ zǒng
后来，大象师傅从百果园送来了一箱苹果，总
gòng gè zhū mā jiāng tā men píng jūn fēn gěi xué xiào de gè nián jí měi
共120个，猪妈将它们平均分给学校的6个年级，每
gè nián jí gè zhèng zhèng hǎo sōng shǔ gěi mǐ yǎ lǎo shī sòng lái yì kuāng
个年级20个，正正好。松鼠给米雅老师送来一筐
gān jú zǒng gòng gè zhū mā bāng máng píng jūn fēn gěi měi wèi xué shēng
柑橘，总共241个，猪妈帮忙平均分给每位学生，
měi rén gè hái shèng xià gè liú gěi le mǐ yǎ lǎo shī
每人2个，还剩下1个留给了米雅老师。

kàn zhū mā yòng de dōu shì píng jūn fēn
看，猪妈用的都是“平均分”。

yǒu yì tiān zhū mā fā xiàn shí táng tū rán duō le yì kē píng guǒ tā xiǎng
有一天，猪妈发现食堂突然多了一颗苹果，她想

要公平地分给同学们吃。可是，只有一颗苹果，怎么让所有同学都能吃到呢？

“做成红糖苹果汤，每个人都能喝到一点，这样公平吧。”猪妈想了想，准备进厨房，突然看到着急的帅克。帅克见人就问：“你有没有看到我的苹果？”

“物归原主。”猪妈赶紧拦住帅克，将苹果还给了他。

2 突如其来的病毒

时间悄悄流逝，猪妈的食堂越办越红火。

然而，突如其来的意外出现了：小马哥拉肚子，汪一鸣拉肚子，帅克拉肚子，连平时身体最壮实的憨憨也拉肚子了……

“怎么会这样？难道有人投毒？”鸬鹚校长找来了米雅老师和猪妈。

“还是请红山森林医院的啄木鸟医生来诊治一

下吧。”米雅老师提出了建议，“让专业的人做专业的事。”

鸬鹚校长采纳了米雅老师的建议。

啄木鸟医生风驰电掣地赶到学校。

“我上吐下泻。”小马哥十分沮丧。

“我胃一直难受，疼。”汪一鸣脸色苍白。

“我也中招了。”帅克有气无力地说。

……

啄木鸟医生经过一番详细的询问和检查，发现拉肚子的人都吃了没煮熟的贝类海鲜，感染了诺如病毒。

发现问题才能对症下药，解决问题。来势汹汹的病症总算被控制住了，猪妈身上也掉了好几斤肉：办好食堂真的不容易，食品卫生这道关卡一刻都不能松懈，水果蔬菜每一次都要认真清洗，贝类海鲜每一次都要保证彻底煮熟……

3 yíng yǎng de “bǎo tǎ jié gòu”
营养的“宝塔结构”

quē shén me chī shén me chī shén me bǔ shén me zhè shì yíng yǎng xué zhōng zuì tōng sú yì dǒng de dào lǐ kě shì lú cí xiào zhǎng qǐng lái xióng māo bó shì jǔ bàn le yí cì yíng yǎng zhī shi jiǎng zuò chè dǐ diān fù le dà jiā de rèn zhī
“缺什么吃什么，吃什么补什么”，这是营养学中最通俗易懂的道理。可是，鸬鹚校长请来熊猫博士，举办了一次营养知识讲座，彻底颠覆了大家的认知。

qǐng wèn shén me shì yíng yǎng jūn héng zhū mā dì yī gè tí wèn yuán lái zhū mā bǎ lú cí xiào zhǎng de sān tiáo yāo qiú shí kè jì zài xīn shàng ne
“请问，什么是营养均衡？”猪妈第一个提问。原来，猪妈把鸬鹚校长的三条要求时刻记在心上呢。

chī shǎo le yíng yǎng bù liáng chī duō le yíng yǎng guò shèng róng yì féi pàng xióng māo bó shì shuō
“吃少了，营养不良；吃多了，营养过剩，容易肥胖。”熊猫博士说。

nà wǒ men de shēn tǐ dào dǐ xū yào nǎ xiē yíng yǎng yuán sù ne shuài kè jī jí tí wèn
“那我们的身体到底需要哪些营养元素呢？”帅克积极提问。

ō shì zhè yàng de xióng māo bó shì xiǎng le xiǎng shuō wǒ men de shēng mìng huó dòng xū yào dà lèi yíng yǎng bāo kuò shuǐ fèn táng lèi dàn bái zhì zhī fáng suān wéi shēng sù kuàng wù zhì hé shàn shí xiān wéi yí yàng yě bù néng shǎo
“噢，是这样的。”熊猫博士想了想说，“我们的生命活动需要7大类营养，包括水分、糖类、蛋白质、脂肪酸、维生素、矿物质和膳食纤维，一样也不能少。”

dà jiā dōu méi yǒu xiǎng dào de shì shuǐ jìng rán yě shì yì zhǒng yíng yǎng
大家都没有想到的是，“水”竟然也是一种营养

wù zhì
物质！

zài jiǎng zuò jí jiāng jié shù shí xióng māo bó shì xiàng dà jiā jiè shào le yí
在讲座即将结束时，熊猫博士向大家介绍了一

gè jiàn kāng de chéng nián rén píng jūn měi tiān xū yào de yíng yǎng chéng fèn
个健康的成年人平均每天需要的营养成分。

tā àn zhào shí wù shù liàng duō shǎo cóng xià wǎng shàng pái liè zǔ chéng
他按照食物数量多少，从下往上排列，组成

le yí gè bǎo tǎ xíng de yíng yǎng píng héng tú
了一个宝塔形的“营养平衡”图：

xióng māo bó shì de jiǎng zuò zài rè liè de zhǎng shēng zhōng yuán mǎn jié shù
熊猫博士的讲座在热烈的掌声中圆满结束。

科学档案馆

水果含有糖类、维生素等营养素，大部分维生素对热不稳定，像猕猴桃、石榴等，在加热过程中维生素C会被破坏。所以水果最好是洗干净后直接吃，这样可以让水果的营养价值得到最大程度的体现。不过，如果是脾胃较弱、体质偏寒怕冷的人或者老年人，可以考虑在冬天把适合热吃的水果加热后再食用，比如梨、山楂、橘子、菠萝、苹果等。

shén me shì nuò rú bìng dú
什么是诺如病毒？

xiǎo xiǎo kē xué jiā
小小科学家

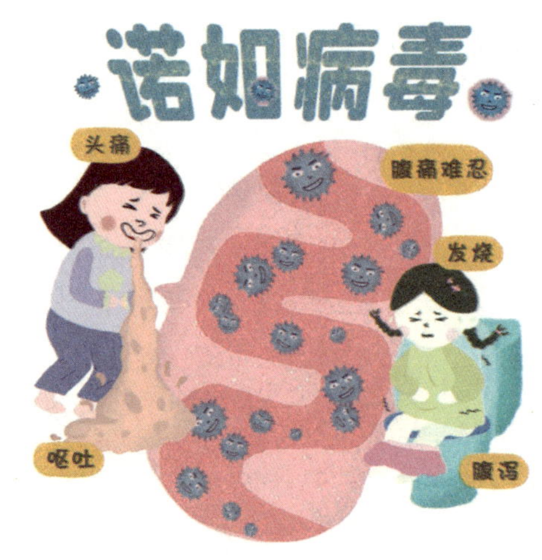

nuò rú bìng dú yuán míng nuò
诺如病毒，原名“诺
wǎ kè bìng dú shǔ yú bēi zhuàng bìng
瓦克病毒”，属于杯状病
dú kē tā jù yǒu qián fú qī duǎn
毒科。它具有潜伏期短、
biàn yì kuài huán jìng dǐ kàng lì qiáng
变异快、环境抵抗力强
hé chuán bō tú jìng duō yàng děng tè diǎn
和传播途径多样等特点，
shì dǎo zhì jí xìng wèi cháng yán de zhǔ yào
是导致急性胃肠炎的主要
bìng yuán tǐ
病原体。

nuò rú bìng dú gǎn rǎn de qián fú qī tōng cháng wéi zhì xiǎo shí
诺如病毒感染的潜伏期通常为24至48小时，
zuì duǎn zhǐ yǒu xiǎo shí zuì cháng kě dá xiǎo shí yào yù fáng nuò rú
最短只有12小时，最长可达72小时。要预防诺如
bìng dú gǎn rǎn hé kòng zhì qí chuán bō bǎo chí liáng hǎo de wèi shēng xí guàn zhì
病毒感染和控制其传播，保持良好的卫生习惯至
guān zhòng yào fàn qián biàn hòu yīng zhèng què xǐ shǒu yòng féi zào hé liú dòng shuǐ
关重要。饭前便后应正确洗手，用肥皂和流动水
xǐ shǒu zhì shǎo miǎo zhè shì zuì zhòng yào hé zuì yǒu xiào de yù fáng cuò shī
洗手至少20秒，这是最重要和最有效的预防措施
zhī yī
之一。

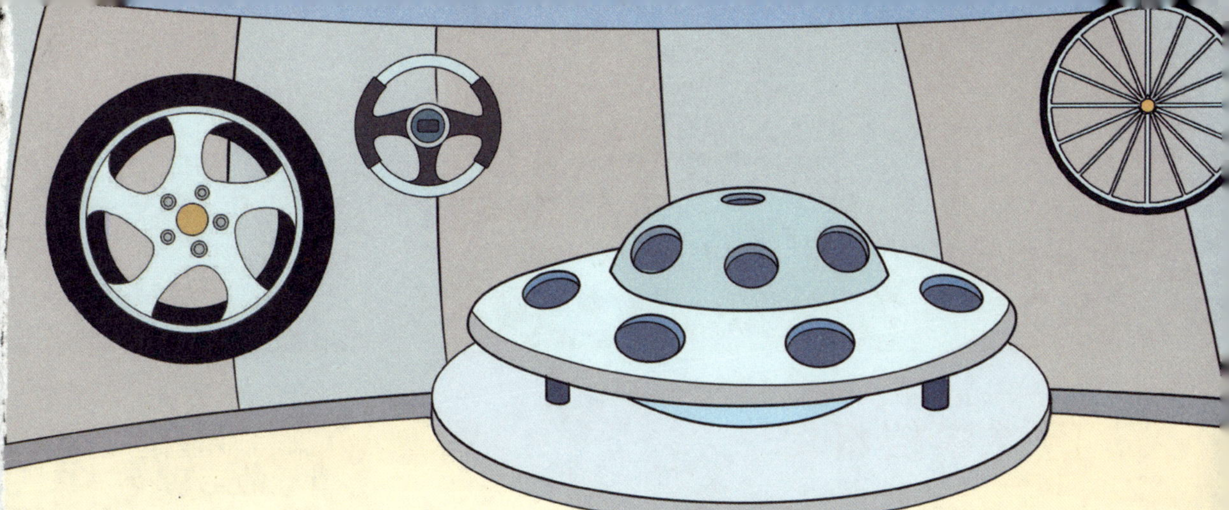

zhì zào zhōng xīn —— tú xíng de yùn dòng yī

制造中心——图形的运动（一）

tú xíng néng píng yí hái néng xuán zhuǎn zhè kě zhēn shi yǒu yì si zhū

图形能平移，还能旋转？这可真是有意思。猪

bà yì jiā jiù duì yuán de xuán zhuǎn hěn gǎn xìng qù yú shì tā men cān guān

爸一家就对圆的“旋转”很感兴趣，于是他们参观

le huǒ xīng dòng wù de zhì zào zhōng xīn zhēn shi dà kāi yǎn jiè

了火星动物的“制造中心”，真是大开眼界。

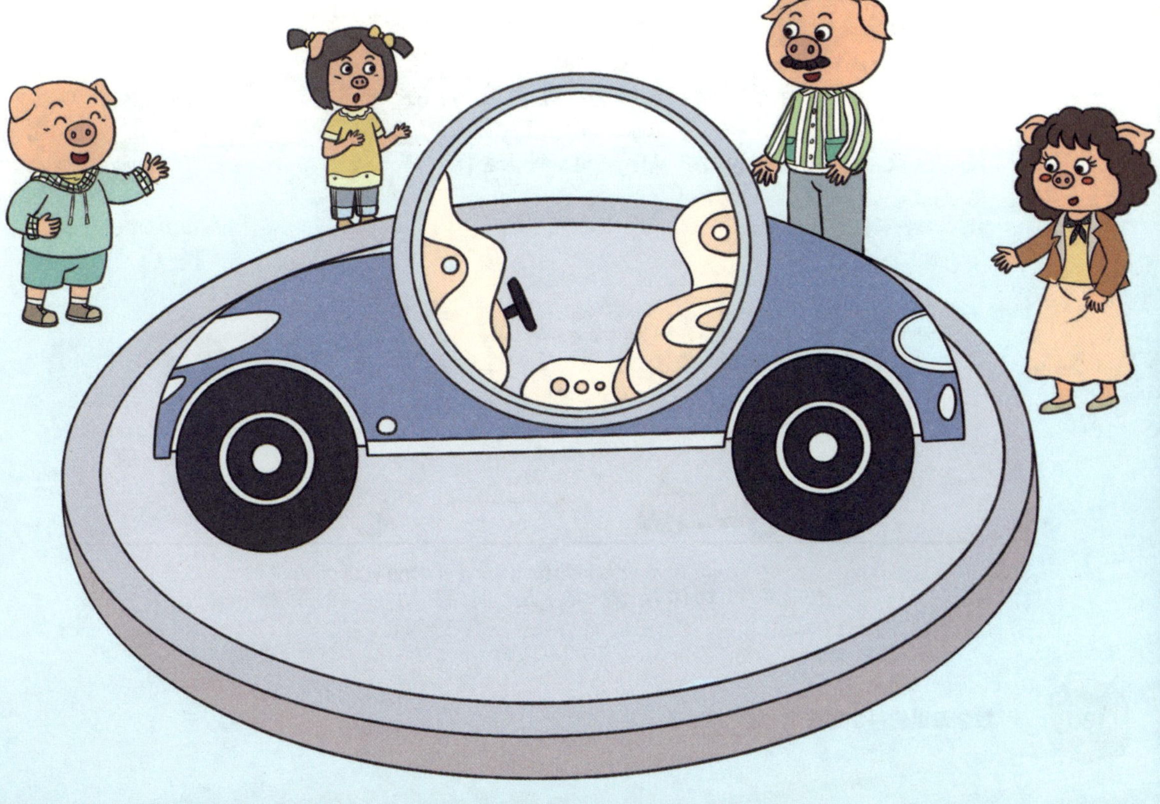

tú xíng de yùn dòng yī
图形的运动（一）

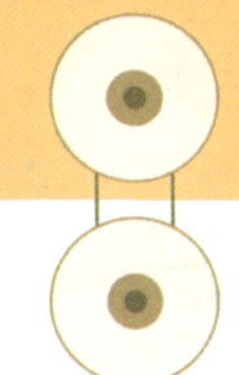

shù xué dàng àn guǎn
数学档案馆

tú xíng de yùn dòng yī
图形的运动（一）

zhóu duì chèng tú xíng
轴对称图形

duì chèn
对称

yán yì tiáo zhí xiàn duì zhé liǎng biān wán quán chóng hé
沿一条直线对折，两边完全重合。

duì chèn zhóu
对称轴

zhé hén suǒ zài de zhí xiàn shì duì chèn zhóu
折痕所在的直线是对称轴。

duì chèn zhóu
对称轴

zhé hén liǎng cè de bù fen néng gòu wán quán chóng hé
折痕两侧的部分能够完全重合

píng yí
平移

hán yì
含义

dāng wù tǐ yán zhe zhí de lù xiàn yí dòng zài yí dòng zhōng méi yǒu gǎi biàn dà xiǎo hé fāng xiàng zhè zhǒng yùn dòng xiàn xiàng jiù shì píng yí
当物体沿着直的路线移动，在移动中没有改变大小和方向，这种运动现象就是平移。

tè diǎn
特点

píng yí zhǐ shì wù tǐ de wèi zhì fā shēng biàn huà qí xíng zhuàng dà xiǎo jūn bú biàn
平移只是物体的位置发生变化，其形状、大小均不变。

wù tǐ yán zhe mǒu fāng xiàng yí dòng yí duàn jù lí
物体沿着某方向移动一段距离

旋转

含义：物体绕着某一点或轴进行圆周运动的现象就是旋转。

特点：物体在做旋转运动时，大小、形状都不发生变化，但是方向和位置发生了变化。

解决问题：剪纸

将一张纸对折或连续对折后，可以剪出相同并且相连的轴对称图形。

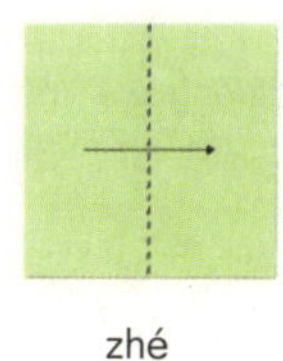
①折

②画

③剪

④展开，完成

汉字也有轴对称图形，比如“田、吉、目、山、单”等。如果我们想要剪一个“囍”字，只需要在对折好的纸上剪出图形的一半，也就是一个“喜”字，展开后就能得到“囍”字。

zhì zào zhōng xīn

制造中心

kē xué qù wèi gù shi

科学趣味故事

wǎn xiá rǎn hóng le zhěng gè tiān kōng yì sōu fēi dié huá chū yōu měi de hú
晚霞染红了整个天空，一艘飞碟划出优美的弧
xiàn huǎn huǎn jiàng luò zài huǒ xīng zhì zào zhōng xīn suǒ zài de dà shānzhōng
线，缓缓降落在“火星制造中心”所在的大山中。

duì yuán de piān ài

1 对“圆”的偏爱

huǒ xīng tàn xiǎn duì de huǒ xīng gǒu hēi jí huǒ xīng zhū méngméng hé huǒ xīng
火星探险队的火星狗黑吉、火星猪萌萌和火星
jī dá kè huǎnhuǎn zǒu chū fēi dié zhè xiē huǒ xīng dòng wù duì yuán yǒu zhe tè shū
鸡达克缓缓走出飞碟。这些火星动物对圆有着特殊
de piān hào zhì zào zhōng xīn nèi de shè shī hé zhǎn shì wù pǐn dōu shì yuán de
的偏好，制造中心内的设施和展示物品都是圆的。

tā men dài de tóu kuī hé yǎn jìng shì yuán de bǎo hù tā men zài dì qiú biǎo
他们戴的头盔和眼镜是圆的，保护他们在地球表
miàn shàng de tàn xiǎn huó dòng zhěng tǐ jiàn zhù yě shì yuán de xiàng yí gè dà tiě
面上的探险活动。整体建筑也是圆的，像一个大铁
qiú lǐ miàn bǎi fàng de wù pǐn bāo kuò pén wǎn yǐ zi děng dōu shì yuán de
球，里面摆放的物品包括盆、碗、椅子等都是圆的。
chū xíng de gōng jù yě shì yuán de bǐ rú wǎng fǎn huǒ xīng hé dì qiú zhī jiān de
出行的工具也是圆的，比如往返火星和地球之间的
fēi xíng qì shén mì de fēi dié jiù xiàng yí gè dà dà de fā guāng yuán pán
飞行器——神秘的飞碟，就像一个大大的发光圆盘。

队长黑吉规划建设了这个制造中心，他认为太阳、月亮、火星、地球等星球都是圆的，因此在地球上建设的第一个火星制造中心也应该有大量圆的元素。制造中心内设有与圆有关的车间，既有生产流水线又有展示平台。

由于免费向公众开放，制造中心总是客满为患，参观者需要登录官方网站提前进行预约才能进入。

shēng huó lǐ de yuán
2 生活里的“圆”

xīng qī tiān de zǎo chen zhū bà kāi zhe xīn ài de yuè yě chē dài zhe yì
星期天的早晨，猪爸开着心爱的越野车，带着一
jiā rén zǎo zǎo lái dào zhì zào zhōng xīn dāng rán zhè cì lǚ tú méi yǒu zhū mā de
家人早早来到制造中心。当然，这次旅途没有猪妈的
pāi bǎn shì chéng bù liǎo de zhū mā de xíng shì fēng gé yí guàn shì līn bāo jiù
拍板是成不了的。猪妈的行事风格一贯是“拎包就
zǒu tā tè bié zhī chí hān hān sān xiōng mèi de xué xí shí jiàn
走”，她特别支持憨憨三兄妹的学习实践。

huān yíng huān yíng huǒ xīng zhū méng méng zài zhì zào zhōng xīn mén kǒu lè
“欢迎，欢迎。”火星猪萌萌在制造中心门口乐
hā hā de shuō
哈哈地说。

shuō bú dìng yí yì nián qián zá
说不定一亿年前，咱
men shì yì jiā ne dōu xìng zhū
们是一家呢，都姓猪。

méng méng rè qíng de gěi hān hān yì jiā rén dāng xiàng dǎo
萌萌热情地给憨憨一家人当向导。

zhè shì shén me dōng xi hān hān zhǐ zhe mén kǒu de píng mù wèn dào
“这是什么东西？”憨憨指着门口的屏幕问道，

píng mù shàng miàn bú duàn shuā xīn zhe shù zì kàn de hān hān yǎn huā liáo luàn
屏幕上面不断刷新着数字，看得憨憨眼花缭乱。

zhè shì zài jì suàn yuán zhōu lǜ ne wǒ men xiǎng yào zhǎo chū yuán zhōu lǜ
“这是在计算圆周率呢，我们想要找出圆周率

de guī lǜ chuàng zào chū zuì wán měi de yuán méng méng xìn xīn mǎn mǎn de shuō
的规律，创造出最完美的圆。”萌萌信心满满地说。

hān hān yǒu xiē jīng yà tā céng tīng shuō guò yuán zhōu lǜ shì yuán de zhōu
憨憨有些惊讶，他曾听说过圆周率，是圆的周

cháng yǔ zhí jìng de bǐ zhí dàn yuán zhōu lǜ yǒu guī lǜ ma hǎo xiàng méi yǒu ba
长与直径的比值。但圆周率有规律吗？好像没有吧。

zhī hòu méng méng dài zhe cān guān zhě jìn rù shēng huó lǐ de yuán zhǎn
之后，萌萌带着参观者进入“生活里的圆”展

qū zhè lǐ zhǎn shì de wù pǐn dōu yǔ rì cháng shēng huó xiāng guān bāo kuò guō
区，这里展示的物品都与日常生活相关，包括锅

lú chá bēi gài zi cān zhuō wǎn pán zi zhè xiē lái zì huǒ xīng de
炉、茶杯盖子、餐桌、碗、盘子……这些来自火星的

shēng huó yòng pǐn quán dōu shì yuán de
生活用品，全都是圆的。

yuán de wù pǐn fāng biàn ná zài shǒu lǐ wàn yī bù xiǎo xīn diào zài dì shàng
圆的物品方便拿在手里，万一不小心掉在地上，

hái huì gǔn dòng bù róng yì shuāi huài bù dé bù shuō huǒ xīng zhì zào hái
还会滚动，不容易摔坏……不得不说，火星制造还

shì hěn yǒu shù xué sī wéi de
是很有数学思维的。

3 jiāo tōng lǐ de yuán
交通里的“圆”

hān hān yì jiā rén zài zhì zào zhōng xīn lǐ huǎn huǎn yí bù bù zhī bù jué
憨憨一家人在制造中心里缓缓移步，不知不觉

lái dào le lìng yí gè zhǎn qū jiāo tōng lǐ de yuán
来到了另一个展区——“交通里的圆”。

展区的大门上悬挂着一个超大的车轮，非常夸张且巨大的圆，吸引了许多参观者留下合影纪念。

“这个展区展示的都是交通设施中与圆相关的元素。”萌萌边走边说。

展区中展示了圆形飞碟、汽车轮子、自行车轮子……还有车上的方向盘和飞碟的驾驶舱内的其他设施，所有展品都以圆的形象呈现给观众。

“看，这里的路面居然也有井盖，也是圆的，难道火星上也需要这个东西吗？”猪小曼好奇地问道。

“随着地球城市的发展，供水、供暖、排水、通信、燃气等项目设施不断增加，地上的空间很难满足需求，所以人们就利用地下的空间安置这些设施。”萌萌解释道，“而在我们火星上，井盖主要是用来盖住地洞的出口，防止风沙吹进来，还能起到防火的作用。防火可是一件重要的事情。”

“那么，为什么车轮都是圆的呢？”猪二壮好奇

kē kǎo shǒu cè
科考手册

yuán xíng jǐng gài hé xià miàn de yuán jǐng shì wèi fāng biàn jiǎn chá wéi
圆形井盖和下面的圆井是为方便检查、维
xiū shè shī ér jiàn zào de zài fāng xíng sān jiǎo xíng yuán děng jǐ hé tú
修设施而建造的。在方形、三角形、圆 等几何图
xíng zhōng dāng tā men de zhōu cháng xiāng děng
形中，当它们的周长相等
shí yuán de miàn jī zuì dà tóng shí yuán yòu
时，圆的面积最大。同时圆又
fú hé rén lèi shēn tǐ de héng jié miàn biàn yú
符合人类身体的横截面，便于
gōng zuò rén yuán jìn jìn chū chū
工作人员进进出出。

de wèn dào tā yì zhí zài xiǎng rú guǒ qì chē de lún zi néng gēn jiǎo yí yàng
地问道。他一直在想，如果汽车的轮子能跟脚一样，
nà me qì chē jiù huì biàn chéng jī qì rén nà bú shì gèng kù ma
那么汽车就会变 成机器人，那不是更酷吗！

yuán zài xuán zhuǎn shí xíng zhuàng hé dà xiǎo dōu bú huì gǎi biàn hān hān
“圆在旋 转时，形 状 和大小都不会改变。”憨憨
yòng tā xué guò de shù xué zhī shi jiě shì dào zhè yàng de huà yuán xíng lún zi
用他学过的数学知识解释道，“这样的话，圆形轮子
gǔn dòng shí zǔ lì jiù xiǎo qì chē xíng shǐ gèng píng wěn sù dù gèng kuài
滚动时阻力就小，汽车行驶更平稳，速度更快。”

méng méng tīng hòu shù qǐ dà mǔ zhǐ biǎo shì zàn tóng
萌萌听后竖起大拇指，表示赞同。

zhū bà yì jiā lí kāi le zhì zào zhōng xīn zuò zài yuè yě chē lǐ xìng zhì
猪爸一家离开了制造中心，坐在越野车里兴致
bó bó de jiāo liú zhe yuán zhè ge tú xíng guǒ rán dú tè xuán zhuǎn shí xíng
勃勃地交流着。“圆”这个图形果然独特，旋转时形

zhuàng hé dà xiǎo bú huì gǎi biàn de tè xìng zhèng hǎo jī fā le rén men de xiǎng xiàng
状和大小不会改变的特性，正好激发了人们的想象

hé sī kǎo shǐ de zhè ge tú xíng zài shēng huó zhōng fā huī le gèng dà de zuò yòng
和思考，使得这个图形在生活中发挥了更大的作用。

kē xué dàng àn guǎn
科学档案馆

zài shù xué zhōng yuán zhōu lǜ shì yí gè wú xiàn bù xún huán xiǎo
在数学中，圆周率 π 是一个无限不循环小

shù qì jīn wéi zhǐ rén men yǐ jì suàn chū shù wàn yì wèi de yuán zhōu
数。迄今为止，人们已计算出数万亿位的圆周

lǜ dōu méi yǒu fā xiàn qí chóng fù de mó shì yīn wèi yuán zhōu lǜ de
率，都没有发现其重复的模式。因为圆周率的

jì suàn liàng jù dà suǒ yǐ rén men cháng cháng huì shǐ yòng yuán zhōu lǜ de
计算量巨大，所以人们常常会使用圆周率的

jì suàn lái héng liáng jì suàn jī de zhǐ biāo hé xìng néng
计算来衡量计算机的指标和性能。

cǎi yòng yuán zhōu lǜ héng liáng jì suàn jī xìng néng de fāng shì jiǎn dān
采用圆周率衡量计算机性能的方式“简单

cū bào rén men huì jiāng xiāng tóng de jì suàn gōng shì shū rù dào děng dài
粗暴”。人们会将相同的计算公式输入到等待

cè shì de diàn nǎo dāng zhōng rán hòu duì bǐ èr zhě jì suàn de shí jiān shí
测试的电脑当中，然后对比二者计算的时间，时

jiān duǎn de nà ge xìng néng zì rán gèng jiā yōu yuè
间短的那个性能自然更加优越。

建筑使用了对称原理吗？

小小科学家

许多古城的建筑在我国有严格的中轴线布局，这种对称布局赋予建筑庄严肃穆的感觉。

皇城、宫殿、庙宇和陵墓等建筑都展现出左右对称的分布。例如，天坛作为祭天、祈谷的场所，通过对称布局展现出特有的庄重感。同样，人民大会堂等需要突出庄重感的建筑也利用对称性进行设计。

此外，如果建筑位于中轴线上，它们将成为视觉中心和景观焦点，起到统领作用。大学校园中位于轴线上的图书馆或办公楼等建筑都体现了这一点。

天坛

巴咚的请求——表内除法（二）

在生活中，数学无处不在。正如这个故事所展示的，猪家的人通过使用7~9的乘法口诀来求商，展示了数学对于解决实际问题的重要性和实用性。

表内除法（二）

数学档案馆

用7~9的乘法口诀求商

方法

想"除数×（ ）=被除数"，再根据乘法口诀计算得商。

56÷8=7

（七）八五十六

表内除法（二）

解决问题

1. 把一个数平均分成几份，求每份是多少，用除法计算。

例 把45个苹果平均分成9份，每份有多少个苹果？

45÷9=5（个）

2. 求一个数里有几个几，用除法计算。

例 54里有几个9？　　54÷9=6（个）

在9的乘法口诀中，有些积比较相近，求商时要注意区分。

45÷9=5　　54÷9=6

（五）九四十五　　（六）九五十四

科学趣味故事

夜幕降临，猪肠子大街的街灯逐渐亮起，照亮了无数温馨的家庭。

1 吃药要规范

天一黑，猪家大院的那两扇大门，就会被猪妈紧紧关上，这是猪妈多年养成的习惯。

突然，一阵急促的敲门声响起。猪爸起身去开

mén kàn dào xiǎo huī láng bā dōng zhàn zài mén wài
门，看到小灰狼巴咚站在门外。

yí shì nǐ zhū bà yí lèng liǎn shàng lù chū le yì sī jīng yà
“咦，是你？”猪爸一愣，脸上露出了一丝惊讶

hé yí huò zhè me wǎn le yǒu shì ma
和疑惑，“这么晚了，有事吗？”

bā dōng yì jiā zài zhè lǐ yǒu gè huài míng shēng tā men yào me tōu tou mō
巴咚一家在这里有个坏名声，他们要么偷偷摸

mō yào me dǎ dǎ nào nào píng shí dà jiā dōu duì tā men bì zhī wéi kǒng bù jí
摸，要么打打闹闹，平时大家都对他们避之唯恐不及。

wǒ bà ba fā gāo shāo le nǐ men jiā yǒu tuì shāo yào ma bā dōng
“我爸爸发高烧了，你们家有退烧药吗？”巴咚

nán guò de shuō dào tā yǐ jīng bìng le hǎo jǐ tiān le
难过地说道，“他已经病了好几天了。”

zhū mā xiǎng le yí xià ná chū le jiā lǐ yù bèi de liǎng bāo tuì shāo yào
猪妈想了一下，拿出了家里预备的两包退烧药。

yì bāo lì měi tiān zuì duō chī cì měi cì chī lì bù
“一包 27 粒，每天最多吃 3 次，每次吃 3 粒。不

fā shāo shí bú yào chī a zhū mā zhǔ fù zhe bā dōng
发烧时不要吃啊。”猪妈嘱咐着巴咚。

kē kǎo shǒu cè
科考手册

chī yào yí dìng yào àn zhào yī shēng de zhǔ tuō shén
吃药一定要按照医生的嘱托，什

me shí jiān chī chī duō shǎo děng dōu shì yǒu kē xué
么时间吃、吃多少等，都是有科学、

guī fàn de yāo qiú
规范的要求。

xiè xie nǐ　zhū ā yí　bā dōng mò mò suàn le yí xià　měi tiān chī
“谢谢你，猪阿姨。”巴咚默默算了一下，每天吃
cì　měi cì　lì　nà yì tiān jiù shì　lì　yì bāo yào kě yǐ chī
3次，每次3粒，那一天就是9粒，一包药可以吃3
tiān　liǎng bāo yào jiù shì　tiān
天，两包药就是6天。

hǎo de　bú yòng kè qi　nǐ xiān huí jiā ba　zhū mā hěn yǒu lǐ mào
“好的，不用客气，你先回家吧。”猪妈很有礼貌
de huí dá
地回答。

bā dōng xiǎo pǎo zhe lí kāi le zhū jiā dà yuàn
巴咚小跑着离开了猪家大院。

zhū bà zé bèi zhū mā　xiàn zài zhèng shì liú xíng xìng gǎn mào duō fā shí qī
猪爸责备猪妈，现在正是流行性感冒多发时期，
tuì shāo yào hěn nán mǎi dào　xiàn zài bǎ jǐn shèng de liǎng bāo dōu gěi le bā dōng
退烧药很难买到，现在把仅剩的两包都给了巴咚。
ér qiě　dà huī láng bā dā de míngshēng nà me chà　bù gāi bāng zhù tā
而且，大灰狼巴哒的名声那么差，不该帮助他。

suàn le　bú yào jì jiào nà me duō　tā shēng bìng le　wǒ men néng bāng
“算了，不要计较那么多，他生病了，我们能帮
jiù bāng yí xià ba　zhū mā shuō
就帮一下吧。”猪妈说。

2 吃饭要按时

chī fàn yào àn shí

tiān qì yuè lái yuè nuǎn huo　wéi qiáng shàng kāi mǎn le líng xīng de xiǎo huā
天气越来越暖和，围墙上开满了零星的小花。

yì tiān wǎn shang　xiǎo huī láng bā dōng yòu lái qiāo mén
一天晚上，小灰狼巴咚又来敲门。

zhū ā yí　néng bù néng jiè diǎn chī de gěi wǒ　bā dōng shí fēn xiū
“猪阿姨，能不能借点吃的给我？”巴咚十分羞

sè de shuō wǒ men yì jiā cóng zuó tiān dào xiàn zài dōu méi chī shàng fàn
涩地说，“我们一家从昨天到现在都没吃上饭。”

hǎo de zhū mā xiǎng le yí xià shuō dào kě bù néng lǎo shì ái è
“好的。”猪妈想了一下，说道，“可不能老是挨饿，
wǒ xiàn zài qù zuò fàn ràng nǐ dài huí jiā
我现在去做饭，让你带回家。”

zhū mā zhuǎn shēn qù le chú fáng yí huìr jiù zhǔ le yì guō yíng yǎng zhōu
猪妈转身去了厨房，一会儿就煮了一锅营养粥。

zhè yì guō zhōu néng chéng chū wǎn gè rén dùn chī wǎn jiù
“这一锅粥能盛出18碗，1个人1顿吃1碗就
zú gòu le zhū mā gào su bā dōng
足够了。”猪妈告诉巴咚。

kē kǎo shǒu cè
科考手册

chī fàn yí dìng yào àn shí yào yǒu guī lǜ
吃饭一定要按时，要有规律，
fǒu zé róng yì yíng yǎng shī héng sǔn hài cháng wèi
否则容易营养失衡，损害肠胃，
shèn zhì huì dǎo zhì wèi bìng
甚至会导致胃病。

xiè xie ā yí bā dōng gǎn jī dào tā men jiā xiàn zài yǒu gè
“谢谢阿姨。”巴咚感激道，他们家现在有3个
rén yì rén wǎn yì tiān dùn yì tiān jiù shì wǎn zhè guō zhōu néng
人，一人1碗，一天3顿，一天就是9碗，这锅粥能
chī liǎng tiān
吃两天。

等到巴咚走了，猪爸才对猪妈说：“你啊你，对大灰狼一家真是太好了！”

“一份食物，不算什么。”猪妈笑了笑。

3 开车要安全

kāi chē yào ān quán

时间过得很快，转眼间到了春夏之交。有一天，月亮已经高悬在天幕上，巴咚又来敲门。

“怎么又来了？是缺药，还是缺吃的？”猪爸有些不客气地说道。

“猪叔叔，打扰了，这次我是来告别的。”巴咚说道，“我们一家要搬到大山里，大山距离我们家54千米，也想请教您，我们要如何安排行程。”

猪爸想了好一阵，回答道：“我本来想连夜开车送你们去，但晚上开车挺危险的，尤其我最近白天没有休息够，容易疲劳驾驶。”

kē kǎo shǒu cè
科考手册

yè jiān kāi chē yīng zhù yì kòng zhì sù dù zhù yì jiāo tōng biāo shí
夜间开车应注意控制速度、注意交通标识、

hé lǐ ān pái xiū xi yīn wèi yè jiān guāng xiàn
合理安排休息。因为夜间光线

jiào àn néng jiàn dù dī yě róng yì gǎn dào
较暗，能见度低，也容易感到

pí láo shèn zhì huì yǒu shuì yì xí lái
疲劳，甚至会有睡意袭来。

bā dōng dǒng shì de diǎn diǎn tóu zhū shū shu nín bāng máng suàn yí xià
巴咚懂事地点点头：“猪叔叔，您帮忙算一下

wǒ men jǐ tiān néng dào dá wǒ men měi tiān néng zǒu qiān mǐ ne
我们几天能到达，我们每天能走9千米呢。”

zhū bà hǎo hǎo xiǎng le xiǎng cóng nǐ jiā dào dà shān yí gòng qiān mǐ
猪爸好好想了想：“从你家到大山一共54千米，

měi tiān zǒu qiān mǐ tiān yīng gāi kě yǐ zǒu dào
每天走9千米，6天应该可以走到。”

zhū mā yě bú wàng dīng zhǔ nǐ men màn màn zǒu yán tú zhù yì ān
猪妈也不忘叮嘱：“你们慢慢走，沿途注意安

quán jué de lèi le jiù xiū xi
全，觉得累了就休息。”

bā dōng gǎn shòu dào le zhū bà zhū mā de wēn nuǎn hé guān xīn fēi cháng
巴咚感受到了猪爸、猪妈的温暖和关心，非常

gǎn jī de dào xiè
感激地道谢。

shēn yè bā dōng yì jiā chū fā le
深夜，巴咚一家出发了。

猪爸还是有些不满："说不定大灰狼是因为在这里名声太坏了，才搬家的。"

猪妈说："简单的帮助，不算什么。友爱和帮助是构建美好世界的基石。"

科学档案馆

狼是典型的夜行动物，它们的活动具有周期性。白天时，狼会在巢穴内休息，而到了夜晚，它们则展开捕食和其他各种活动。这也是为什么狼的嚎叫声会在夜晚响起。嚎叫有助于狼群内部的沟通，告知狼群其他成员自己的位置、警示潜在的威胁或者表达对伴侣及家庭成员的关心，使它们团结一致。

吃药时该怎么喝水？

小小科学家

吃药时随便喝一口水，甚至不喝水，这都是不对的。口服药物，特别是胶囊剂型，干吃可能会划伤食管黏膜，甚至划破食管，造成出血，后果不堪设想。

吃药喝水，对用水的量和温度都是有要求的。2020年版的《中国药典》规定了水的温度。

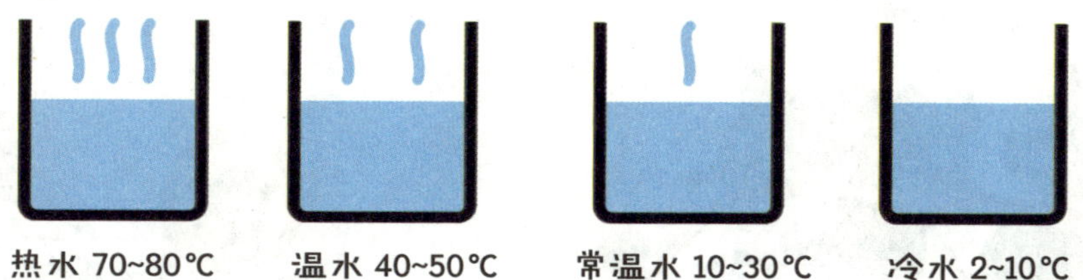

热水温度过高，可能会破坏药物成分，对大多数药物而言，温水是比较适宜的选择。

但也不是所有药物都需要喝水送服。比如服用糖浆后，如果立刻喝上一大杯水，糖浆会被稀释，那糖浆就白喝了。

大山里的“抢劫案”——混合运算

混合运算中有“同级运算”“两级运算”“带小括号的混合运算”，这些混合运算按照“先括号内后括号外”“先乘除后加减”的规则计算。啄木鸟警长将这些规则用在对犯罪分子抓捕上，居然也能起到作用，真有意思。

混合运算

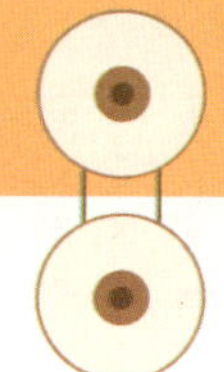

数学档案馆

混合运算

同级运算

在没有括号的算式里，只有加、减法或只有乘、除法，都要从左往右按顺序计算。

$$\underline{53-23}+18$$
$$=\underline{30}+18$$
$$=48$$

$$\underline{18\div3}\times5$$
$$=\underline{6}\times5$$
$$=30$$

两级运算

在没有括号的算式里，如果既有乘、除法，又有加、减法，要先算乘、除法，后算加、减法。

$$13+\underline{3\times5}$$
$$=13+\underline{15}$$
$$=28$$

$$18-\underline{6\times2}$$
$$=18-\underline{12}$$
$$=6$$

带小括号的混合运算

算式里有括号的，要先算括号里面的，再算括号外面的。

$$18-\underline{3\div3}$$
$$=18-\underline{1}$$
$$=17$$

$$\underline{(18-3)}\div3$$
$$=\underline{15}\div3$$
$$=5$$

解决问题

想好根据已知信息能先解答什么，再解答什么，最后根据解题思路列出算式：

1. 通过已知条件，找出问题的关键，即中间问题。

2. 把中间问题化为已知条件，结合题目中的其他条件解决问题。

例 家里有5个苹果，爸爸又买来13个，平均放在3个盘子里，每个盘子放多少个苹果？

计算思路：先求中间问题（一共有多少个苹果），再解决问题（每盘放几个苹果）。

列算式：$\underbrace{(5+13)}_{\text{中间问题}}\div 3=18\div 3=6$（个）

小贴士

先乘除，后加减，有括号的先算括号里面的，再算括号外面的。只有加、减法或只有乘、除法，都要从左往右按顺序计算。

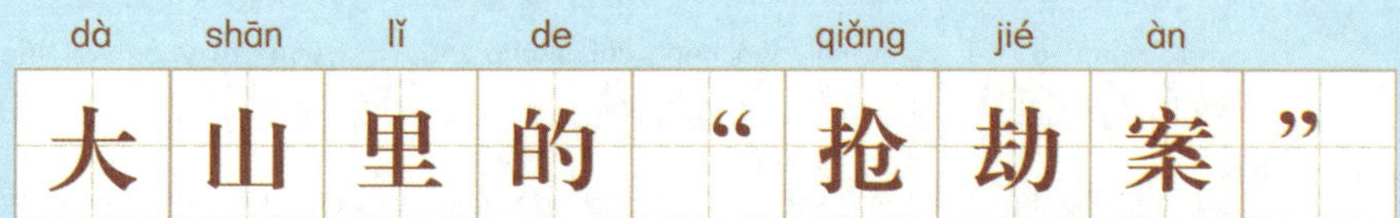

大山里的“抢劫案”

科学趣味故事

大灰狼一家搬到深山老林居住后，那些恶习又逐渐显露出来。尤其是当他们发现了森林深处有一个蜂巢时，更是经常被里面的蜂蜜馋得直流口水……

1 大灰狼化妆

有一天中午，太阳火辣辣地照射着，大灰狼巴哒来到蜂巢附近转悠，无数只蜜蜂在蜂巢前飞来飞去，仿佛在跳着欢快的舞蹈。

科考手册

蜜蜂是典型的群居昆虫，蜂群一般由一只蜂王、少数雄蜂、数万只工蜂组成。

hǎo xiāng a yào shi wǒ néng chī shàng zhè lǐ yuán zhī yuán wèi de fēng mì
“好香啊！要是我能吃上这里原汁原味的蜂蜜，
nà cái jiào méi yǒu bái huó yí shì bā dā líng mǐn de bí zi xiù dào le fēng
那才叫没有白活一世！”巴哒灵敏的鼻子，嗅到了蜂
mì tián měi de xiāng qì dàn dāng tā zhǔn bèi kào jìn fēng cháo shí yì qún mì fēng
蜜甜美的香气。但当他准备靠近蜂巢时，一群蜜蜂
wēng wēng yí xià zi fēi guò lái zhē de tā bào tóu shǔ cuàn
“嗡嗡”一下子飞过来，蜇得他抱头鼠窜。

yìng chuǎng kěn dìng xíng bù tōng bā dā xīn shēng yí jì cōng míng yí
“硬闯肯定行不通。”巴哒心生一计，“聪明一
shì hú tu yì shí huà gè zhuāng bú jiù wàn shì dà jí le ma
世，糊涂一时，化个妆不就万事大吉了吗！”

yú shì bā dā jiāng zì jǐ dǎ ban chéng hú dié xìng zhì bó bó de
于是，巴哒将自己打扮成蝴蝶，兴致勃勃地
fēi dào fēng cháo biān
“飞”到蜂巢边。

nǐ lí zhè yuǎn diǎn nǐ bú shì hú dié yì zhī shǒu hù de gōng fēng
“你离这远点，你不是蝴蝶。”一只守护的工蜂
dà hǎn
大喊。

kàn kan wǒ zhè shēn huā yī shang bú shì hú dié ma bā dā hòu zhe
“看看我这身花衣裳，不是蝴蝶吗？”巴哒厚着
liǎn pí shuō dào
脸皮说道。

kě shì gōng fēng lián hé qí tā shǒu hù de xiōng dì yán zhèn yǐ dài
可是，工蜂联合其他守护的兄弟，严阵以待，
jiān jué bú ràng bā dā kào jìn bàn bù bìng yán sù de zhǐ chū hú dié shì
坚决不让巴哒靠近半步，并严肃地指出：“蝴蝶是6
zhī jiǎo kě shì nǐ zhǐ yǒu zhī jiǎo
只脚，可是你只有4只脚。”

bā dā yù mèn de lí kāi le
巴哒郁闷地离开了。

guò le yí huìr bā dā yòu huàn le gè wěi zhuāng mán hèng de huí dào fēng cháo qián
过了一会儿，巴哒又换了个伪装，蛮横地回到蜂巢前。

wǒ shì shī zi wáng kuài sòng xiē fēng mì lái wèi wèn běn wáng yuán lái bā dā zhè cì dài shàng le yí fù shī zi de miàn jù
“我是狮子王，快送些蜂蜜来慰问本王。”原来，巴哒这次戴上了一副狮子的面具。

bié chuī niú la nǐ bú shì shī zi wáng kàn kan nà gēn wěi ba jiù zhī dào nǐ de zhēn miàn mù le shī zi de wěi ba xiàng shéng zi nǎ yǒu zhè me duō máo gōng fēng kàn le kàn yòu shí pò le bā dā de guǐ jì
“别吹牛啦，你不是狮子王，看看那根尾巴，就知道你的真面目了。狮子的尾巴像绳子，哪有这么多毛。”工蜂看了看，又识破了巴哒的诡计。

bā dā tīng le jiù xiàng xiè le qì de pí qiú yí yàng wú jīng dǎ cǎi de lí kāi le
巴哒听了，就像泄了气的皮球一样，无精打采地离开了。

2 zhòng jì de zhuó mù niǎo jǐng zhǎng
中计的啄木鸟警长

dà huī láng bā dā zéi xīn bù sǐ yì zhí zài dòng nǎo jīn xiǎng bàn fǎ chī dào fēng mì
大灰狼巴哒贼心不死，一直在动脑筋，想办法吃到蜂蜜。

yǒu yì tiān yí dà zǎo bā dā zhǎo dào le duǒ zài shù dòng lǐ de hēi xióng
有一天一大早，巴哒找到了躲在树洞里的黑熊。

科考手册

黑熊不会修筑巢穴，只能利用现有的树洞或山里的洞穴来躲避风雨、休息和冬眠。

“黑熊老兄，你想尝尝蜂蜜吗？”巴哒问道。

“蜂蜜？去哪里找蜂蜜？”黑熊皱着眉头问。

经过一个冬天的冬眠，黑熊的身体正需要补充营养。

“离这儿不算远，先走15千米盘山路，再走20千米直道，最后走10千米的泥泞路，就能到蜂巢了。”巴哒巧妙地将路程编成了一个加法算式。

黑熊的奔跑速度每小时可达45千米，巴哒假设每条不同的道路上黑熊奔跑的速度都是一样来计算，从熊窝到蜂巢的时间需要1个小时。

hēi gè xiǎo shí méi wèn tí de yì tí dào fēng mì hēi xióng
“嘿，1个小时，没问题的。”一提到蜂蜜，黑熊
de yǎn jing lǐ chōng mǎn le tān lán
的眼睛里充满了贪婪。

yíng zhe zhāo yáng bā dā hé hēi xióng yí lù kuáng bēn zhí jiē lái dào le
迎着朝阳，巴哒和黑熊一路狂奔，直接来到了
fēng cháo qián
蜂巢前。

tiān qì qíng lǎng mì fēng men dà duō wài chū cǎi mì le zhǐ yǒu shǎo liàng
天气晴朗，蜜蜂们大多外出采蜜了，只有少量
de gōng fēng zài shǒu hù hēi xióng dài zhe tiě pí zuò chéng de miàn jù dà yáo
的工蜂在守护。黑熊戴着铁皮做成的面具，大摇
dà bǎi de zǒu dào le fēng cháo qián huī wǔ zhe dà shǒu bǎ gōng fēng quán bù
大摆地走到了蜂巢前，挥舞着大手，把工蜂全部
gǎn zǒu le
赶走了。

bā dā zài shàng qián yòng xiǎo sháo zi shēn jìn fēng cháo lǐ jiāng fēng mì wā chū
巴哒再上前用小勺子伸进蜂巢里，将蜂蜜挖出
lái zhuāng jìn yí gè gè xiǎo sù liào dài zhōng
来装进一个个小塑料袋中。

tū rán kōng kuàng de shān gǔ lǐ chuán lái cì ěr de jǐng dí shēng
突然，空旷的山谷里传来刺耳的警笛声。

hēi xióng kuài táo jǐng chá lái le bā dā jí máng bēi zhe zhuāng mǎn
“黑熊，快逃，警察来了。”巴哒急忙背着装满
fēng mì de sù liào dài kāi shǐ kuáng bēn
蜂蜜的塑料袋开始狂奔。

yuán lái shì shǒu hù de gōng fēng bào de jǐng zhuó mù niǎo jǐng zhǎng jiē dào
原来，是守护的工蜂报的警。啄木鸟警长接到
le bào jǐng diàn huà qīn zì jià chē gǎn lái dài bǔ zuì fàn
了报警电话，亲自驾车赶来逮捕罪犯。

bú guò bā dā zǎo yǐ jīng xīn shè jì hǎo le táo pǎo lù xiàn zhuó mù niǎo
不过，巴哒早已精心设计好了逃跑路线，啄木鸟

警长中了他的计谋，被带入了那条10千米的泥泞路。等到啄木鸟警长将车艰难地开出后，巴哒和黑熊早已逃得无影无踪。

3 神机妙算

尽管最后被啄木鸟警长发现，但他们还是逃脱了抓捕，并偷到了蜂蜜。

过了一段时间，巴哒把蜂蜜吃完了，想着香甜的蜂蜜，手痒痒的，想要再次去抢。他带着巴咚，找到黑熊后再次出发。这次，巴哒准备了一辆能在泥泞路上行驶的小汽车，以便能更快逃走。他让巴咚看着这辆用来接应的交通工具，便和黑熊前去抢蜂蜜了。

啄木鸟警长吃一堑长一智，这次接到工蜂的报警电话后，直接在盘山路的尽头等待他们，轻松地将巴哒、巴咚和黑熊抓捕归案。

“警长先生，你是怎么把时间算得那么准？我们刚行驶完盘山路就被你抓住了。”巴哒十分纳闷儿，也很不服气。

“我会神机妙算。”啄木鸟警长听了，哈哈大笑。狐狸再狡猾，也逃不过好猎手。

原来，逃回熊窝的必经之路，一共有三段，分别是10千米泥泞路、20千米直道、15千米盘山路。巴哒、巴咚和黑熊开车的速度很快，每分钟能行驶1千米。将这道混合运算题计算完成后，他们行驶完全程的时间就是45分钟。

即（10＋20＋15）÷1＝45（分）。

大灰狼听了，那张三角脸拉得更长了……

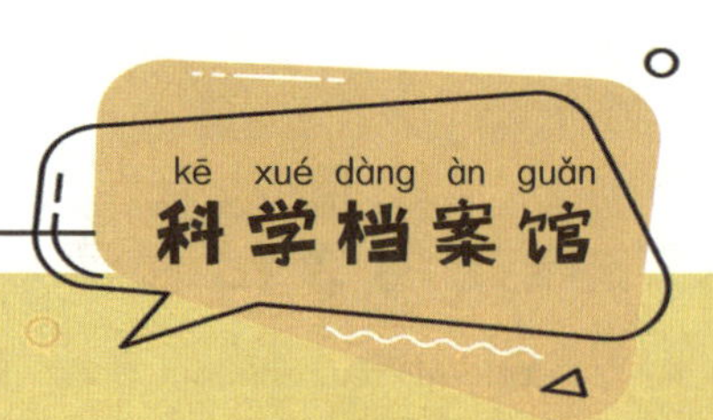

kē xué dàng àn guǎn
科学档案馆

hēi xióng de dōng mián qī yì bān yǒu gè yuè zài zhè duàn shí jiān
黑熊的冬眠期一般有5个月，在这段时间
lǐ tā néng gòu bù chī bù hē yě néng gòu tíng zhǐ pái xiè rú guǒ rén
里，它能够不吃不喝，也能够停止排泄。如果人
lèi bù pái niào jǐ tiān hòu biàn huì yīn niào zhòng dú ér sǐ hēi xióng néng
类不排尿，几天后便会因尿中毒而死。黑熊能
gòu huó xià lái quán kào yì zhǒng zài xún huán jì qiǎo tā de qū tǐ réng
够活下来，全靠一种再循环技巧：它的躯体仍
zài zào niào dàn niào yè jí qí zhōng suǒ hán de niào dú sù què bìng bù tíng
在造尿，但尿液及其中所含的尿毒素却并不停
liú zài páng guāng zhōng ér shì tòu guò páng guāng bì huí dào shēn tǐ gè gè zǔ
留在膀胱中，而是透过膀胱壁回到身体各个组
zhī zhōng cóng ér cù jìn dàn bái zhì de zài shēng yī xué jiè yóu cǐ kàn dào
织中，从而促进蛋白质的再生。医学界由此看到
le zhì yù shèn shuāi jié de xī wàng
了治愈肾衰竭的希望。

zhè zhǒng bìng shì yóu yú shèn wú fǎ
这种病是由于肾无法
cóng xiě yè zhōng lǜ chū zú gòu de
从血液中滤出足够的
niào dú sù yǐn qǐ de hēi xióng de
尿毒素引起的，黑熊的
zài xún huán jì qiǎo yǒu wàng shǐ huàn
再循环技巧有望使患
zhě miǎn shòu rén gōng tòu xī zhī kǔ
者免受人工透析之苦。

为什么蜂巢都是六边形？

小小科学家

由于蜜蜂的身体是圆滚滚的形状，所以刚开始建造的蜂巢都呈圆形。随着时间的推移，蜜蜂身体产生的热量会将蜂蜡融化，使圆形之间相互挤压，逐渐形成六边形。

六边形是自然选择下最理想的形状，因为它们能够完美地契合在一起，最大程度地节省空间，并且使用的蜂蜡也更加节约。如果蜂巢是圆形或八边形，会产生不必要的空隙；如果是三角形或四边形，面积会减小，空间不够宽敞。因此，通过自然选择，原本圆形的蜂巢就逐渐演变成了六边形。

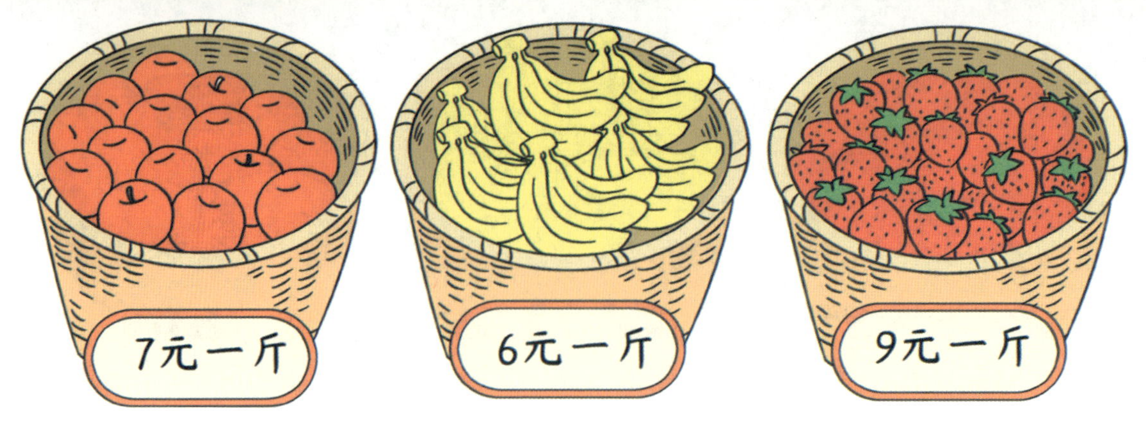

这次谁当家——有余数的除法

让我们一起探索余数的奥秘！别觉得它枯燥难懂，实际上，余数可以帮助我们解决生活中的很多问题。

想象一下，大人给了你100元，让你完成一次采购任务，你会怎么做呢？憨憨也遇到了这个问题，他是如何利用余数完成这个任务的呢？

yǒu yú shù de chú fǎ
有余数的除法

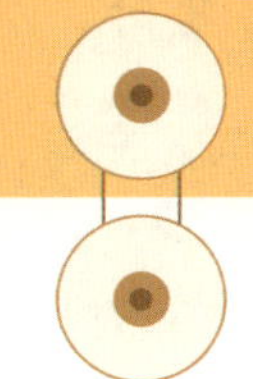

shù xué dàng àn guǎn
数学档案馆

hán yì
含义

dāng píng jūn fēn yì xiē wù pǐn yǒu shèng yú qiě bú gòu zài fēn de shí hou shèng yú de shù jiào yú shù
当平均分一些物品有剩余且不够再分的时候，剩余的数叫余数。

xiě fǎ
写法：10 ÷ 3 = 3……1

yú shù
余数

dú zuò chú yǐ děng yú yú
读作：10 除以 3 等于 3 余 1

yú shù yǔ chú shù hé bèi chú shù de guān xì
余数与除数和被除数的关系

zuì xiǎo de yú shù shì zuì dà de yú shù bǐ chú shù xiǎo
1. 最小的余数是 1，最大的余数比除数小 1。

yú shù de dān wèi míng chēng hé bèi chú shù de dān wèi míng chēng xiāng tóng
2. 余数的单位名称和被除数的单位名称相同。

yǒu yú shù de chú fǎ
有余数的除法

shì shāng wèn tí
试商问题

chú shù hé jǐ xiāng chéng de jī zuì jiē jìn bèi chú shù qiě xiǎo yú bèi chú shù shāng jiù shì jǐ
除数和几相乘的积，最接近被除数且小于被除数，商就是几。

liè shù shì jì suàn xiě fǎ
列竖式计算写法

$$
\begin{array}{r}
7 \\
7\overline{)\,50} \\
49 \\
\hline
1
\end{array}
$$

shāng
7 …商

chú shù bèi chú shù
除数… 7) 50 …被除数

de jī
49 …7 × 7 的积

yú shù
1 …余数

用“进一法”“去尾法”解决问题

1. 在解决租船、租车等问题时，需要采用“进一法”确定答案。

例 憨憨家里有29个苹果，每天吃6个，吃完全部苹果至少要多少天？

29 ÷ 6 = 4（天）……5（个）　4 + 1 = 5（天）

2. 在解决最多买多少件物品等问题时，需要采用“去尾法”确定答案。

例 有51瓶牛奶，每个孩子分10瓶牛奶，最多能分给几个孩子？

51 ÷ 10 = 5（个）……1（瓶），最多能分给5个孩子。

规律排列

根据“几个一组”的规律重复排列，列除法，求出余数。余数是几，答案就是组中的第几个。没有余数，就是算式组中的最后一个。

例 第16个图形是什么形状？▲●●▲●●▲●●▲……

16 ÷ 3 = 5（组）……1（个）

余数是1，说明第16个图形是下一组的第一个，是▲。

小贴士

被除数 ÷ 除数 = 商……余数　被除数 = 商 × 除数 + 余数

除数 =（被除数 − 余数）÷ 商　余数 = 被除数 − 商 × 除数

这次谁当家

科学趣味故事

米雅老师和猪妈商量8个人一起去旅游。究竟去哪里、要做哪些事、怎么做等问题，米雅老师建议这次全部由小马哥、汪一鸣和憨憨做主。

1 闹笑话的通知

外出旅游需要制定好路线。米雅老师让小马哥、汪一鸣和憨憨找猪妈商量。

“去哪旅游，你们说了算，这是米雅老师交代的。”猪妈调侃道，“我们猪家就是去几个服务员而已。”

不管怎么样，这次旅行，需要带上猪爸、猪二壮和猪小曼，猪家成员一个都不能少。

“我们就一起去桃花岛吧。”三个小伙伴商量了一下，最终做出决定。

“好呀，我没意见，那我们就建个旅游群。”猪妈让小马哥建了一个旅游群，群名就叫“桃花岛”，并让他在群里发通知，让大家提前做准备。

小马哥的通知刚刚发布，群里立刻炸开了锅。

各位队员：

大家好，我们定于4月29日（星期五）8点出发。请大家提前做好准备。

小马哥

4月3日（星期一）

从哪里出发？地点没有写清楚。

8点，是早上还是晚上？时间也没有写清楚。

最奇怪的是，4月29日不是星期五，而是星期六，小马哥老是把时间弄错。

“29日是星期几，这事儿你做不了主，是要讲科学的。”汪一鸣说道，“日期可以用一道‘有余数的除法’算式计算出来。”

已知4月3日是星期一，4月29日是星期几？包含4月3日在内，算出到4月29日共有29−3+1=27（天），再除以一周7天，就能得出结果。

27÷7=3（周）……6（天）。

余6天，从星期一开始往后数6天，刚好是星期六。

小马哥听了，对汪一鸣的解释感到非常赞叹。

大家都在准备好好享受这次旅行，期待着4月29日的到来。

2 一点都不轻松的“采购计划”

确定了出行时间，猪妈和猪爸商量，决定为大家准备点水果。

猪妈想要锻炼憨憨，于是跟他说：“憨憨，给你100元现金，买三种水果。”

憨憨拿着100元现金去了水果超市。

“我要买整斤的水果，一份苹果、一份香蕉、一份草莓。”憨憨对卖水果的长颈鹿阿姨说。

“各买几斤呢？或者各买多少钱？”长颈鹿阿姨问道。

憨憨心算了一下，100元买三份水果，可以用平均分，不过100除以3又除不尽，那就用有余数的除法去算，每份应该是33元，可还剩下1元现金，这该怎么办？憨憨一时想不出办法来。

“100÷3＝33（元）……1（元）”

还没等憨憨想明白，新的问题又冒了出来。长颈鹿阿姨告诉憨憨，用33元买整斤的水果，看起来很简单，但实际上并不容易。

“苹果7元一斤，33÷7＝4（斤）……5（元）。

香蕉6元一斤，33÷6＝5（斤）……3（元）。

草莓9元一斤，33÷9＝3（斤）……6（元）。”

经过计算，加上最开始剩下的1元，总共还剩下：5+3+6+1 ＝ 15（元）。

“15元，可以先买一斤草莓，去掉9元，还剩下6元，刚好再买一斤香蕉。”长颈鹿阿姨建议道。

这次购物经历，让憨憨明白了采购任务并不简单，它需要仔细考虑和计算。

3 坐船需要会计算

天气晴好，春风和煦。猪妈和米雅老师带领“桃花岛”旅行团出发了。

在渡口处，因为每艘渡船限坐3人，而“桃花岛”旅行团一共有8人，大家需要分开乘坐渡船。

怎么坐船呢？米雅老师让汪一鸣进行安排。

“好呀，很简单。”汪一鸣想了想说，“用有余数的除法就可以得出答案。”

汪一鸣在心里计算起来：8÷3＝2（艘）……2（人）。

“可以包3艘渡船。”汪一鸣很快做出了安排，“也可以先包2艘渡船，然后再找1名游客合包1艘

渡船。”

米雅老师和猪妈听了，纷纷竖起了大拇指。

最后，大家选择了第1个方案，包了3艘渡船，没有跟其他游客合包。

米雅老师和汪一鸣、小马哥乘坐1艘船；猪妈和猪小曼、猪二壮乘坐1艘船；猪爸和憨憨两个人乘坐1艘船。

登上了桃花岛，猪爸招呼大家快点聚拢。猪妈让憨憨负责分水果，憨憨又犯难了。

憨憨说：“我们可以先吃草莓，再吃香蕉，最后吃苹果。但是，我们团队一共有8个人，怎样分才能保证平均呢？”

大家一听，都愣住了，这真是一个很现实的问题！

“我们带了那么多水果，大家可以随便吃，想吃什么就吃什么。”猪妈意味深长地说，“数学让我们学会了计算，但不是斤斤计较，天下哪有处处平均的呀，一颗草莓难道也要平均分来吃吗？数学可以精准，但做人不可以呆板，要在生活中灵活应用数学。”

科学档案馆

船舶作为人类的水上交通工具，其历史几乎与人类文明一样悠久。世界上第一艘“船”，可能只是一棵浮在水面上的枯树，去除枝叶后变成一根圆木，能够顺水漂流，这样的移动方式比人们在岸上步行更加迅捷。那个时候，人们还没有开始使用“舟”或“船”的称呼，但这就是最早的船只。

你知道漂浮岛吗？

小小科学家

漂浮岛是一种在湖水或海水中漂浮的岛屿，之所以能够在水中漂浮而不沉没，一方面是由于岛上植被茂盛，形成了一个网状的结构，起到了支撑作用；另一方面，岛屿的土质是黑色泥炭土，这种土壤结构紧密，黏度高，并且具有很强的抗水泡能力。这使得漂浮岛能够在水中缓慢漂移，短时间内不会沉下去。

漂浮岛在生态系统中扮演着重要的角色。它们为水中的生物提供了栖息地，并且能够减缓水流，减少波浪对岸边的冲击。此外，漂浮岛还能吸收水体中的有毒物质，能够净化水质。

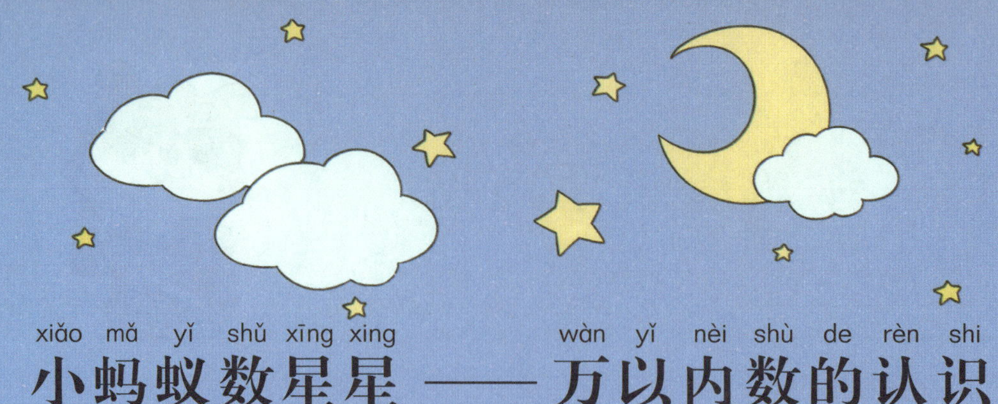

xiǎo mǎ yǐ shǔ xīng xing wàn yǐ nèi shù de rèn shi

小蚂蚁数星星——万以内数的认识

shù de shù liàng bǐ tiān shàng de xīng xing duō de duō cóng gè wèi shí wèi bǎi wèi qiān wèi dào wàn wèi yǐ jí gèng gāo de shù wèi shù de shù liàng shì wú qióng wú jìn de

数的数量比天上的星星多得多。从个位、十位、百位、千位到万位以及更高的数位，数的数量是无穷无尽的。

xiǎo mǎ yǐ dīng dīng shī mián le tā xī wàng tōng guò shǔ xīng xing lái zhì hǎo zì jǐ de shī mián zhèng zài wàn yǐ nèi shù de fàn wéi nèi dīng dīng néng shǔ wán xīng xing ma

小蚂蚁丁丁失眠了，他希望通过数星星来治好自己的失眠症，在万以内数的范围内，丁丁能数完星星吗？

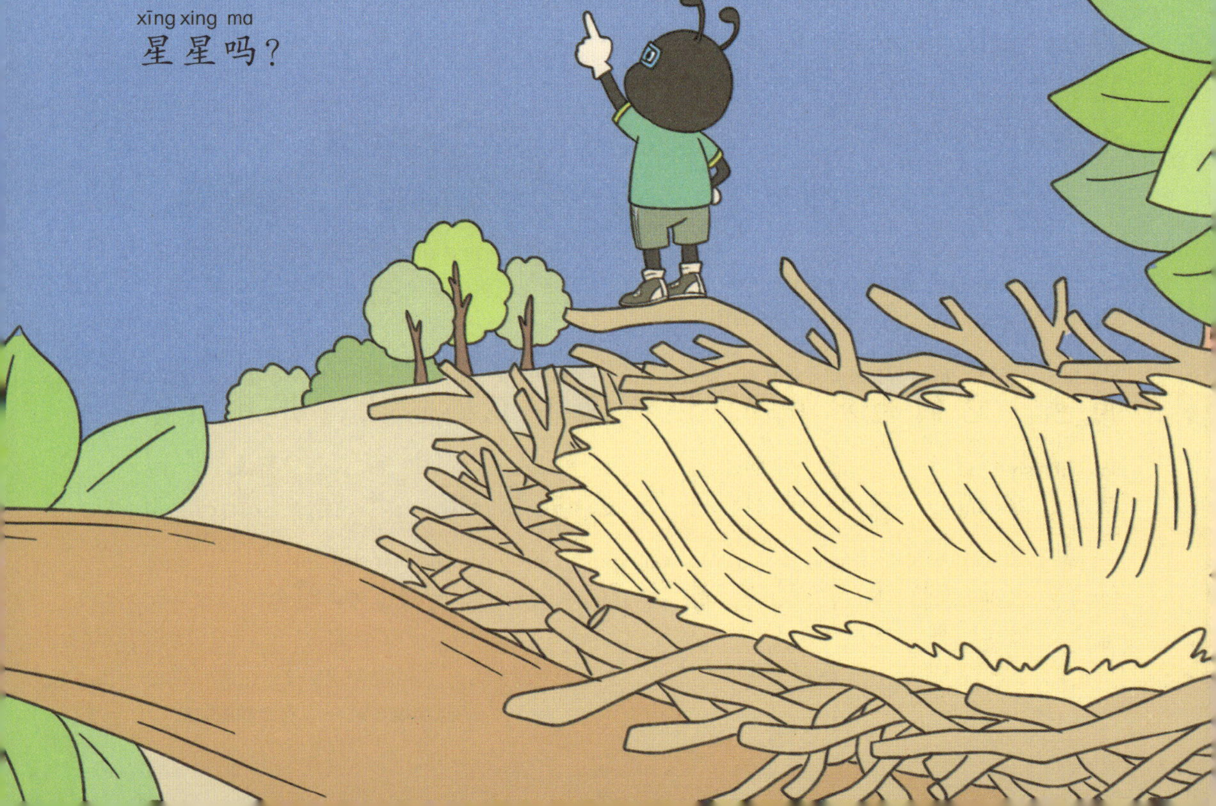

wàn yǐ nèi shù de rèn shi
万以内数的认识

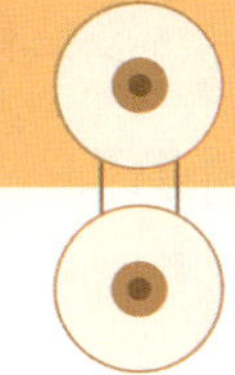

shù xué dàng àn guǎn
数学档案馆

jì shù dān wèi
计数单位

gè yī shì zuì dī wèi de jì shù dān wèi
个（一）是最低位的计数单位。

shí shì bǐ gè yī gāo yì jí de jì shù dān wèi gè yī shì shí
十是比个（一）高一级的计数单位，10个一是十。

bǎi shì bǐ shí gāo yì jí de jì shù dān wèi gè shí shì yì bǎi
百是比十高一级的计数单位，10个十是一百。

qiān shì bǐ bǎi gāo yì jí de jì shù dān wèi gè yì bǎi shì yì qiān
千是比百高一级的计数单位，10个一百是一千。

wàn shì bǐ qiān gāo yì jí de jì shù dān wèi gè yì qiān shì yí wàn
万是比千高一级的计数单位，10个一千是一万。

shù wèi shùn xù biǎo 数位顺序表					
……	wàn wèi （万）位	qiān wèi （千）位	bǎi wèi （百）位	shí wèi （十）位	gè wèi （个）位

wàn yǐ nèi shù de rèn shi
万以内数的认识

zǔ chéng
组成

qiān yǐ nèi de shù shì yóu jǐ gè bǎi jǐ gè shí hé jǐ gè yī zǔ chéng de
1. 千以内的数是由几个百、几个十和几个一组成的。

lì shì yóu gè bǎi gè shí gè yī zǔ chéng de
例 654是由6个百、5个十、4个一组成的。

wàn yǐ nèi de shù shì yóu jǐ gè qiān jǐ gè bǎi jǐ gè shí hé jǐ gè yī zǔ chéng de
2. 万以内的数是由几个千、几个百、几个十和几个一组成的。

lì shì yóu gè qiān gè bǎi gè shí gè yī zǔ chéng de
例 6543是由6个千、5个百、4个十、3个一组成的。

dú xiě
读写

cóng gāo wèi qǐ àn
从高位起按

shùn xù dú xiě
顺序读、写。

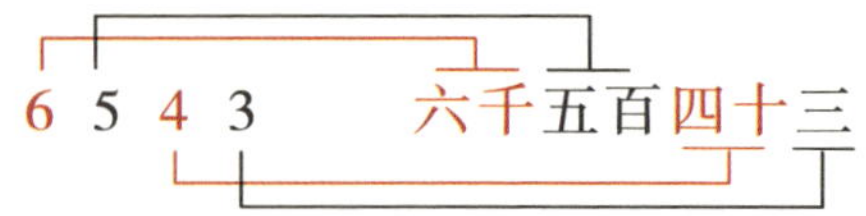

bǐ jiào dà xiǎo
比较大小

wèi shù bù tóng wèi shù duō de shù dà
1. 位数不同→位数多的数大。

lì
例 999 < 1000

wèi shù xiāng tóng cóng zuì gāo wèi qǐ
2. 位数相同→从最高位起，

zhú yī bǐ jiào
逐一比较。

lì
例 1234 < 1244

suàn pán
算盘

yí gè xià zhū biǎo shì
一个下珠表示 1；

yí gè shàng zhū biǎo shì
一个上珠表示 5。

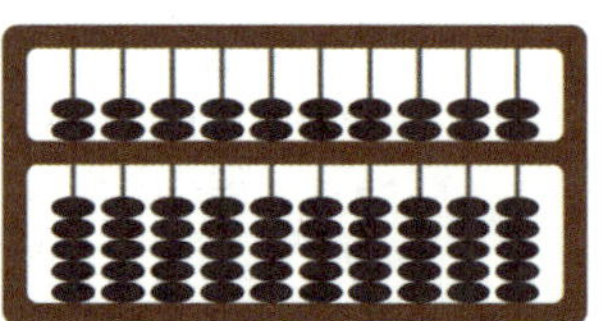

wàn yǐ nèi shù de jìn sì shù
万以内数的近似数

zhǎo yí gè shù de jìn sì shù jiù shì kàn zhè ge shù jiē jìn nǎ gè zhěng qiān zhěng bǎi shù
1. 找一个数的近似数，就是看这个数接近哪个整千、整百数。

lì
例

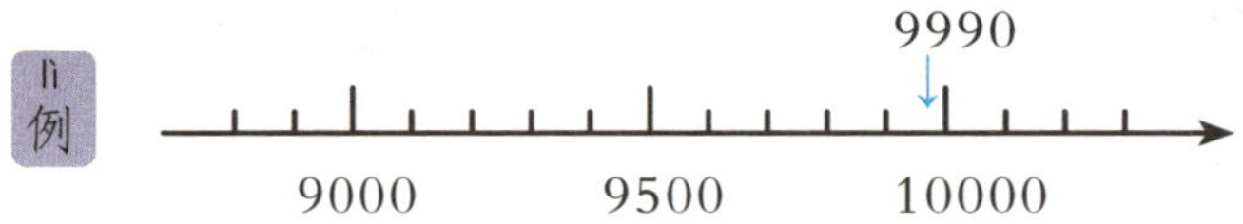

zuì jiē jìn shì de jìn sì shù
9990 最接近 10000，10000 是 9990 的近似数。

yí gè shù qián mian chū xiàn dà yuē kě néng dà gài děng shí zhè ge shù jiù shì
2. 一个数前面出现“大约”“可能”“大概”等时，这个数就是

jìn sì shù
近似数。

zhěng bǎi zhěng qiān shù jiā jiǎn fǎ
整百、整千数加减法

fāng fǎ yī lì yòng shù de zǔ chéng
方法一：利用数的组成。

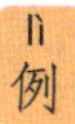

$$2000+3000=5000$$

gè qiān gè qiān gè qiān
2个千＋3个千＝5个千

fāng fǎ èr yòng lèi bǐ tuī lǐ de fāng fǎ
方法二：用类比推理的方法。

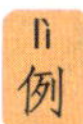

$$5000-2000=3000$$

$$5-2=3$$

xiāng lín liǎng gè jì shù dān wèi zhī jiān de jìn lǜ shì gè yī shì shí gè shí shì yì bǎi gè yì bǎi shì yì qiān gè yì qiān shì yí wàn bù xiāng lín jì shù dān wèi zhī jiān de jìn lǜ yǒu suǒ bù tóng gé yí gè jì shù dān wèi jìn lǜ shì gé liǎng gè jì shù dān wèi jìn lǜ shì

相邻两个计数单位之间的进率是10。10个一是十，10个十是一百，10个一百是一千，10个一千是一万。不相邻计数单位之间的进率有所不同，隔一个计数单位进率是100，隔两个计数单位进率是1000。

xiǎo mǎ yǐ shǔ xīng xing
小蚂蚁数星星

kē xué qù wèi gù shi
科学趣味故事

yǒu yì tiān, xiǎo mǎ yǐ dīng dīng shuì bù zháo jiào, tā gǎn dào hěn jiāo lǜ。
有一天，小蚂蚁丁丁睡不着觉，他感到很焦虑。
zhī zhū gào su dīng dīng yí gè néng shuì zháo de mì jué: "shǔ xīng xing……"
蜘蛛告诉丁丁一个能睡着的秘诀："数星星……"

1 xǐ què wō
1 喜鹊窝

"tiān shàng xīng, liàng jīng jīng, shǔ lái shǔ qù shǔ bù qīng……" zhī zhū
"天上星，亮晶晶，数来数去数不清……"蜘蛛
zài zhū wǎng shàng huǎn huǎn de yí dòng jiǎo bù, yōu xián de chàng zhe gē。
在蛛网上缓缓地移动脚步，悠闲地唱着歌。

dīng dīng tīng dào le zhī zhū de gē shēng, qiāo qiāo de zǒu guò qù。
丁丁听到了蜘蛛的歌声，悄悄地走过去。

"zhī zhū xiān sheng, dǎ rǎo yí xià, wǒ zuì jìn wǎn shang yì zhí shuì bù
"蜘蛛先生，打扰一下，我最近晚上一直睡不
zháo, gǎn jué hěn fán zào。kě wǒ fā xiàn nǐ huó de qīng sōng zì zài, qǐng wèn nǐ
着，感觉很烦躁。可我发现你活得轻松自在，请问你
yǒu jìn rù hǎo shuì mián de mì jué ma?" dīng dīng wèn dào。
有进入好睡眠的秘诀吗？"丁丁问道。

zhī zhū tǎng zài zhū wǎng shàng, mù yù zhe wǎn fēng, yí fù qì dìng shén xián
蜘蛛躺在蛛网上，沐浴着晚风，一副气定神闲
de yàng zi huí dá dào: "hěn jiǎn dān, shǔ xīng xing, zhǐ yào xīn zhōng méi yǒu zá
的样子回答道："很简单，数星星，只要心中没有杂

念，数着数着就能睡着，说不定还能做个星星梦呢。”

“好，谢谢你，我试试看。”丁丁的心中燃起了希望。

丁丁躺在家门前的草丛中，他睁大眼睛，向天空望去。可是他只能看到几缕微光，从草叶的缝隙中透过来，根本看不见星星。

唉，蜘蛛先生的建议没办法用，丁丁还是睡不着。

丁丁找到了公鸡帅克：“打扰一下，请问你晚上睡觉，需要数星星吗？”

“数星星？天一黑，我闭上眼睛就睡着了，不用去看天上的星星。”帅克说道，“汪一鸣睡得比我晚，你可以去问问他。”

于是丁丁转身去找汪一鸣。

“数星星？”汪一鸣惊讶地说，“我虽然睡得晚一些，可也没有睡眠障碍，像数星星这样的浪漫事，

cóng méi yǒu zuò guò
从没有做过。”

wāng yī míng shuō wán hé dīng dīng dào bié huí jiā
汪一鸣说完，和丁丁道别回家。

yì zhī wō niú tiē zhe dà shù de gēn bù zhèng zài liàn xí pá shù tīng dào
一只蜗牛贴着大树的根部，正在练习爬树，听到
le tā liǎ de duì huà shí fēn gǎn xìng qù
了他俩的对话，十分感兴趣。

wō niú bǎ zì jǐ de jīng yàn gào su dīng dīng wǒ jīng cháng pá dào shù dǐng
蜗牛把自己的经验告诉丁丁：“我经常爬到树顶
shǔ xīng xing shǔ zhe shǔ zhe jiù shuì zháo le yí jiào xǐng lái tiān yǐ jīng dà liàng
数星星，数着数着就睡着了，一觉醒来，天已经大亮。”

kě shì wǒ jiā lǐ kàn bú jiàn xīng xing ya dīng dīng nán guò de shuō
“可是，我家里看不见星星呀。”丁丁难过地说。

āi nǐ zhēn shǎ nǐ tǎng zài cǎo cóng lǐ shì xiàn dōu bèi cǎo yè zhē
“哎，你真傻，你躺在草丛里，视线都被草叶遮
zhù zěn me néng kàn dào xīng xing ne wō niú tóng qíng de shuō gēn wǒ
住，怎么能看到星星呢？”蜗牛同情地说，“跟我
zǒu qián miàn yǒu yì kē dà shù shàng miàn shì xǐ què de jiā zhàn zài xǐ què de
走，前面有一棵大树，上面是喜鹊的家，站在喜鹊的
jiā mén kǒu lí tiān kōng hěn jìn zhè
家门口，离天空很近，这
yàng gèng fāng biàn shǔ xīng xing
样更方便数星星。”

hǎo de xiè xie nǐ dīng
“好的，谢谢你！”丁
dīng huǎng rán dà wù
丁恍然大悟。

wēi fēng xú xú dài zhe dàn dàn de
微风徐徐，带着淡淡的
cǎo mù qīng xiāng dīng dīng gǎn dào yí zhèn
草木清香。丁丁感到一阵

zhèn qīng shuǎng dàn yì diǎn shuì yì dōu méi yǒu yú shì tā yán zhe shù gàn pá ya
阵清爽，但一点睡意都没有。于是他沿着树干爬呀

pá yì zhí pá dào le xǐ què de jiā mén kǒu
爬，一直爬到了喜鹊的家门口。

xǐ què ā yí wǒ néng zhàn zài nǐ jiā de mén qián shǔ xīng xing ma
“喜鹊阿姨，我能站在你家的门前数星星吗？”

dīng dīng jī dòng de wèn
丁丁激动地问。

shǔ xīng xing guān chá tiān xiàng nà dāng rán kě yǐ xǐ què ā yí
“数星星？观察天象？那当然可以。”喜鹊阿姨

tóng yì le
同意了。

dīng dīng tái tóu kàn guǒ rán zhè lǐ de shì yě qīng xī tiān shàng de
丁丁抬头看，果然，这里的视野清晰，天上的

xīng xing dōu zhǎn xiàn zài tā yǎn qián yǒu de hěn liàng yǒu de hěn àn dàn
星星都展现在他眼前，有的很亮，有的很暗淡。

kē kǎo shǒu cè
科考手册

gǔ xī là shí dài tiān wén xué jiā yī bā gǔ jiāng xīng xing gēn jù liàng
古希腊时代，天文学家依巴谷将星星根据亮

dù fēn wéi bù tóng de děng jí zuì liàng de xīng xing wéi děng qí cì liàng
度分为不同的等级。最亮的星星为1等，其次亮

dù shāo ruò de wéi děng ér rén yǎn miǎn qiǎng néng kàn dào de xīng xing zé
度稍弱的为2等，而人眼勉强能看到的星星则

bèi dìng wéi děng
被定为6等。

dīng dīng kàn zhe xīng kōng　àn zhào shù xué　jìn lǜ　yì kē yì kē de
丁丁看着星空，按照数学“进率”，一颗一颗地

shǔ xīng xing　xiān cóng yī wèi shù dào liǎng wèi shù　zài cóng liǎng wèi shù dào sān wèi
数星星。先从一位数到两位数，再从两位数到三位

shù　yòu cóng sān wèi shù dào sì wèi shù
数，又从三位数到四位数……

āi ya　hǎo xiàng shǔ cuò le　zài lái yí biàn
哎呀，好像数错了，再来一遍。

dīng dīng yuè shǔ yuè xīng fèn　xīng xing kě zhēn duō ya　gāng xué de　wàn yǐ
丁丁越数越兴奋，星星可真多呀，刚学的“万以

nèi shù de rèn shi　gāng hǎo yòng shàng le
内数的认识”刚好用上了。

tiān liàng le　yáng guāng zhào jìn xǐ què ā yí jiā de tiān chuāng lǐ
天亮了，阳光照进喜鹊阿姨家的天窗里。

2 萤火虫
yíng huǒ chóng

dīng dīng chéng le dòng wù xiǎo xué zuì yǒu míng de xué shēng　rén men chēng tā wéi
丁丁成了动物小学最有名的学生，人们称他为

ài shǔ xīng xing de hái zi
“爱数星星的孩子”！

zài yí gè wǎn shang　yì zhī dǎ zhe dēng long de yíng huǒ chóng lù guò dīng dīng
在一个晚上，一只打着灯笼的萤火虫路过丁丁

de jiā mén
的家门。

yíng huǒ chóng jīng xǐ de shuō　nǐ jiù shì nà ge ài shǔ xīng xing de dīng dīng
萤火虫惊喜地说：“你就是那个爱数星星的丁丁

ma　nǐ kě yǐ tiào dào wǒ de bèi shàng lái　wǒ men yì biān fēi xíng　yì biān
吗？你可以跳到我的背上来，我们一边飞行，一边

shǔ xīng xing　nǐ kě yǐ bāng wǒ zhǐ yǐn fāng xiàng
数星星，你可以帮我指引方向。”

dīngdīng gāo xìng de dá dào hǎo a
丁丁高兴地答道：“好啊！”

xiǎng bú dào yīn wèi xǐ huan shǔ xīng xing dīng dīng jū rán hái néng pèng dào zhè yàng de qí yù
想不到，因为喜欢数星星，丁丁居然还能碰到这样的奇遇！

yú shì dīng dīng chéng le qí zài yíng huǒ chóng bèi shàng shǔ xīng xing de hái zi
于是，丁丁成了“骑在萤火虫背上数星星的孩子”！

méi yǒu yún méi yǒu fēng dīng dīng qí zài yíng huǒ chóng de bèi shàng tā men yuè guò shuǐ miàn yuè guò tián yě yuè guò shān lín dīng dīng shǐ zhōng méi yǒu mí shī fāng xiàng
没有云，没有风，丁丁骑在萤火虫的背上，他们越过水面，越过田野，越过山林……丁丁始终没有迷失方向。

yīn wèi dīng dīng zhī dào tiān kōng zhōng míng liàng de běi jí xīng yǒng yuǎn zhǐ xiàng běi fāng
因为丁丁知道，天空中明亮的北极星永远指向北方……

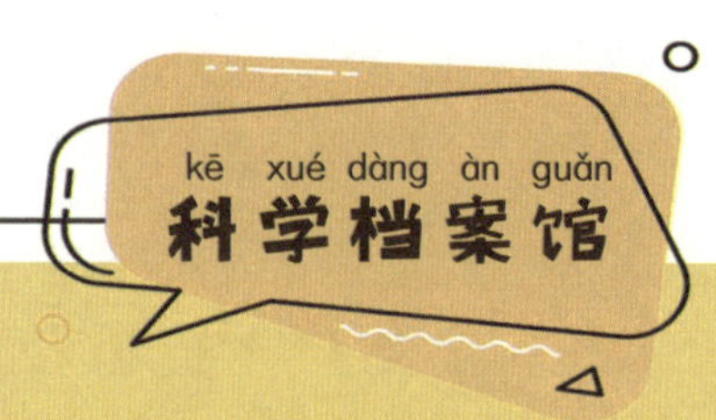

天空有1等星20颗，2等星46颗，3等星134颗，4等星458颗，5等星1476颗，6等星4840颗，总共有6974颗肉眼可见的星星。不过，当我们在地面上观察时，只有大约一半的星星在地平线之上，另一半被地球遮挡。理论上，能看到约3000颗星就很幸运了。然而，在实际观测中，受到月光干扰、大气透明度不佳、个人视力差别等因素影响，一般人能看到的星星数量不超过1000颗，甚至只有几十颗。

怎样才能看到更多的星星？

小小科学家

天气条件是观星的首要因素。在晴朗无云的夜晚，繁星点缀整个天空；多云时，星星容易被云朵遮掩；下雨或阴天则难见星光。

除了天气，时间和地点也很重要。要事先查询适宜观赏的时间和方位，尽量避开月圆期，在阴历月初或月末观赏，此时月光较为微弱，星光更为明亮；要远离光污染，选择远离城市的高处仰望星空，这样视野更加开阔。

观星工具也能帮助我们。双筒望远镜可以比肉眼多看到40%的内容；专业天文望远镜能揭示更多星星的细节，从而探索宇宙的秘密。

星轨

yǔ huǒ xīng rén qiān hé tóng kè hé qiān kè

与火星人签合同——克和千克

zhè yì táng kè wǒ men huì xué xí yǒu guān zhì liàng dān wèi kè hé qiān kè
这一堂课，我们会学习有关“质量单位”“克和千克
de guān xì yǐ jí bǐ jiào dà xiǎo děng nèi róng nǐ kàn xiǎo zhū hān hān yì
的关系”以及“比较大小”等内容。你看，小猪憨憨一
jiā yì biān zhòng dì yì biān yǔ huǒ xīng gǒu hēi jí dòu zhì dòu yǒng shí jiù yòng dào le
家一边种地，一边与火星狗黑吉斗智斗勇时，就用到了
zhè xiē zhī shi
这些知识。

克和千克

数学档案馆

克和千克

质量单位

认识“克”

克是一个用于计量比较轻的物品的质量单位，“克”可以记作“g”。

约1克。

认识“千克”

千克是一个用于计量比较重的物品的质量单位，“千克”可以记作“kg”。

1千克。

比较大小

单位相同

1. 位数不同，位数多的数大。
2. 位数相同，从最高位起，逐一比较。

单位不同

先把单位统一，再进行比较。

例 比较2800克、3200克、3千克这3个数据的大小。

3千克 = 3000克　　2800克 < 3000克 < 3200克

2800克 < 3千克 < 3200克

1千克 = 1000克；1kg = 1000g，后面加3个0。

5000克 = 5千克；5000g = 5kg，去掉末尾3个0。

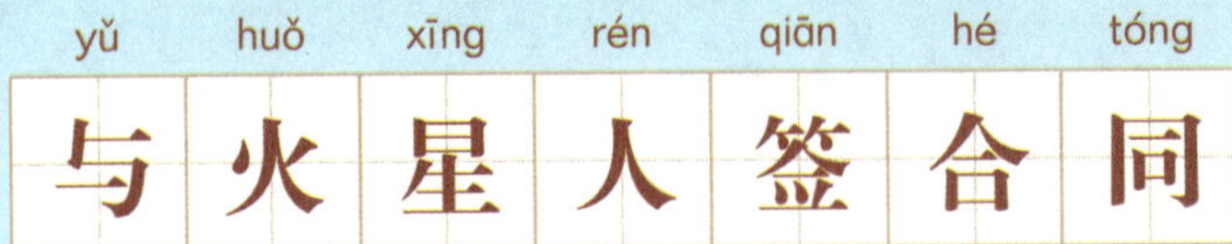

与火星人签合同

科学趣味故事

红山森林东北角有一片荒地长期闲置，猪爸感觉怪可惜的。于是，他带着全家人来这里拔草、平整土地，想把荒地变成一块良田，种上粮食和蔬菜。

1 猪爸垦荒

经过一番艰苦的劳作，猪爸完成了垦荒工作。就在这时，火星狗黑吉带着他的探险队降落在这片荒地上。

原来，黑吉他们要来考察地球的生态环境，这是火星总部的命令。当黑吉看到这块荒地被开垦得如此完美，觉得非常适合当作试验田，便找到了猪爸，蛮不讲理地说了一通儿，态度颇为强硬。

猪爸很不服气："我们刚刚把荒地开垦出来，怎么就变成你们的地了？"

"谁叫你开垦的？荒着、闲着，是我们火星的事情，跟你们没什么关系。"黑吉强硬地反驳。

猪爸心想，真倒霉，要是荒地，谁也不会来争。

"黑吉先生，我有一个建议，这块地的播种、管理、收割等农活儿，可以由我们猪家完成，最终的收成我们双方平分。"猪妈淡定自如地说，"不过，

zhòng shén me zhuāng jia yào yóu zhū jiā dìng ér qiě wǒ men kě yǐ qiān fèn hé tóng
种什么庄稼，要由猪家定，而且我们可以签份合同。”

hǎo yì yán wéi dìng
“好，一言为定。”

hēi jí yì tīng bú yòng gàn huó shōu cheng hái néng píng fēn zhēn shi huǒ xīng shàng diào xià le gè dà xiàn bǐng
黑吉一听，不用干活，收成还能平分，真是火星上掉下了个“大馅饼”。

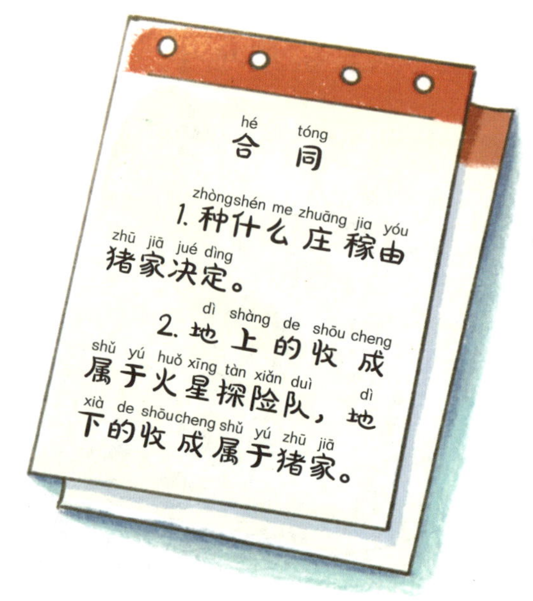
hé tóng
合同

zhòng shén me zhuāng jia yóu zhū jiā jué dìng
1. 种什么庄稼由猪家决定。

dì shàng de shōu cheng shǔ yú huǒ xīng tàn xiǎn duì dì xià de shōu cheng shǔ yú zhū jiā
2. 地上的收成属于火星探险队，地下的收成属于猪家。

yú shì hēi jí hé zhū jiā qiān dìng le yí fèn hé tóng
于是，黑吉和猪家签订了一份合同。

tā men hái qǐng le mǐ yǎ lǎo shī zuò wéi jiàn zhèng rén zhè kě shì huǒ xīng hé dì qiú zhī jiān dì yī cì qiān hé tóng
他们还请了米雅老师作为见证人，这可是火星和地球之间第一次签合同。

2 wǒ yào dì shàng de
“我要地上的”

nà kuài kāi kěn hǎo de tǔ dì jiū jìng zhòng shén me hǎo ne zhū bà chóu méi bù zhǎn de wèn zhū mā
那块开垦好的土地，究竟种什么好呢？猪爸愁眉不展地问猪妈。

zhū mā xiōng yǒu chéng zhú de shuō zhòng huā shēng hé tǔ dòu ba
猪妈胸有成竹地说：“种花生和土豆吧！”

xīng qī tiān zhū mā fēn fù hān hān qù shì chǎng mǎi jīn huā shēng
星期天，猪妈吩咐憨憨去市场买10斤花生、20

公斤土豆当种子。她还告诉憨憨：“如果市场上的秤用的是克或千克，那你要学会换算。1斤是500克，1公斤是1000克，那么10斤就是5000克（5千克），20公斤就是20000克（20千克）。”

等到憨憨把种子买回来，猪家就开始在这片土地上辛勤劳作，花生和土豆生长得非常旺盛。

丰收的时候，猪爸开着大货车，把地上的花生秧和土豆秧送到了大山里的火星基地。猪妈带着憨憨、猪二壮和猪小曼，一起把生长在地下的花生和土豆送到了学校食堂。

科考手册

花生和土豆都是地上开花、地下结果的作物。不过，花生是花落以后，花茎钻入泥土中结出的果实，不是根茎；土豆属于块茎，在茎的末端形成膨胀且不规则的块。

“嘿，收获了一大车废料！”黑吉很不满意，可是看了看合同上的条款，又不好意思发作，他心想：这也算一次试验吧，想不到地上的作物都是一堆枯草败秧。

“合同要重新签订。”黑吉摇了摇脑袋说，“这次，我要地下的，地上的全部归你们。”

猪爸点了点头，当场签了新的合同。

3 “我要地下的”

回到家里，猪爸将黑吉的新要求告诉了猪妈：地下的收成属于火星探险队，地上的收成属于猪家。

“好呀，没问题。”猪妈说道，“憨憨，这次你去种子店买些小麦种子。”

随后，猪爸带领全家在那片土地上继续辛勤劳作，他们精心种上小麦，进行除草、施肥等工作。随着春天的到来，小麦苗壮成长，五月初，满眼都是翻滚不息的金黄麦浪。

等到小麦成熟，猪家把地上的小麦都收完，送到了学校食堂。猪爸再把埋在地下的小麦根须，连土装了一大车，送到了火星基地。

“一大车小麦根须能做什么呢？”黑吉皱紧了眉头。

“可以把它绞碎来肥田嘛。”猪爸说道。

黑吉无话可说，他把这次试验结果发回了火星总部——地球上的作物，不管是地上的还是地下的，都没什么用。

科学档案馆

小麦属于禾本科植物，是一种在世界各地广泛种植的谷类作物。它是人类的主要食物之一，小麦可以磨成面粉，用于制作各种食物，如面包、馒头、饼干和面条等。麦芽磨成粉再经过发酵后，可以用来制成啤酒、白酒等。

花生、土豆的老家在哪里？

小小科学家

花生： 别名地豆、番豆、长生果、万寿果等，为一年生草本植物。据研究，花生最早可能起源于南美洲，大约在16世纪初传入中国。然而，中国在20世纪50年代两次出土了炭化的花生种子，提供了花生在新石器时代已存在的实物资料。因此，花生的起源问题仍在研究中。

土豆： 学名马铃薯，为一年生草本植物。它起源于美洲，最早产地在南美洲的安第斯山区。据研究，人们早在新石器时代或更早的时期就开始种植土豆。到了17世纪，土豆已成为欧洲人的主要食物。在16世纪末，土豆传入中国，逐渐开始被广泛种植。

奇妙的“风筝救援”

——数学广角：推理

推理可不是只有侦探才会运用的技能。在生活中，我们也常常使用到一些推理方法，例如“排除法”“表格法”和“连线法”等等。这一次，憨憨需要运用推理技能，来解决火星探险队的三道测试题。

数学广角：推理

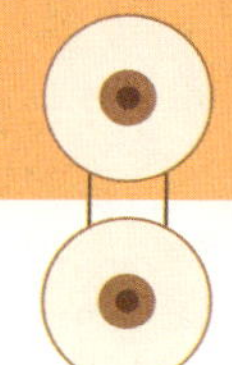

数学档案馆

数学广角：推理

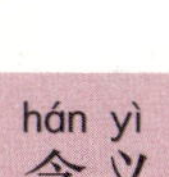

含义

根据已知条件，逐步推出结论的过程，在数学上称为推理。在进行推理时，要找准事物之间的逻辑关系，分析后再进行判断。

在方格内填数的简单推理

先看哪一个空格所在的行和列出现了三个不同的数，这样就能确定这个方格中应填的数。

3	2		
A		B	2
		3	
1			

例 左边方格中，每行、每列都有1~4这四个数，并且每个数在每行、每列只出现一次。

A =（4） B =（1）

3	2		
A		B	2
		3	
1			

A = 4

3	2		
A		B	2
		3	
1			

B = 1

三个事物的简单推理

例 有《语文》《数学》《科学》三本课本，小猪憨憨拿的是《语文》，公鸡帅克拿的不是《数学》。小狗汪一鸣拿的是什么课本？

连线法

排除法

罗列所有可能，逐一排除错误选项，就得到唯一答案。

1. 小狗汪一鸣拿的是《语文》？→（×）小猪憨憨拿的是《语文》。
2. 小狗汪一鸣拿的是《数学》？→（√）与已知条件不冲突。
3. 小狗汪一鸣拿的是《科学》？→（×）因为公鸡帅克拿的不是《数学》，而《语文》被小猪憨憨拿了，那公鸡帅克就只能拿《科学》。

所以，小狗汪一鸣拿的是《数学》课本。

表格法

课本	小猪憨憨	公鸡帅克	小狗汪一鸣
《语文》	√	×	×
《数学》	×	×	√
《科学》	×	√	×

我是一名小侦探，根据线索猜得准，能确定的先确定，确定哪个先排除，剩下越少越好猜。

奇妙的“风筝救援”

科学趣味故事

有一天傍晚，黑吉收到总部发来的一条秘密指令。

黑吉队长：

请立即实施“001计划”，破解地球生物的智慧，找到智慧泉！

火星总部 火星日X时Y分Z秒

1 “001计划”

为了完成任务，黑吉找来火星猪萌萌和火星鸡达克，让他们按照总部指令，分头实施“001计划”。一张黑色的大网在傍晚时分，悄然打开，神不知鬼

bù jué de lǒng zhào zài dòng wù xiǎo xué de sì zhōu
不觉地笼罩在动物小学的四周……

dòng wù xiǎo xué fàng xué le xué shēng men dōu lí kāi le xué xiào xiào yuán lǐ yí piàn níng jìng
动物小学放学了，学生们都离开了学校，校园里一片宁静。

mǐ yǎ lǎo shī kàn jiàn wāng yī míng le ma gǒu mā jiāo jí de pǎo dào xué xiào
“米雅老师，看见汪一鸣了吗？”狗妈焦急地跑到学校。

mǐ yǎ lǎo shī nǐ kàn dào shuài kè le ma jī mā yě lái dào le xué xiào
“米雅老师，你看到帅克了吗？”鸡妈也来到了学校。

mǐ yǎ lǎo shī nǐ kàn dào hān hān le ma tā dào xiàn zài hái méi yǒu huí jiā zhū bà dān xīn hān hān fàn le shén me cuò wù bèi lǎo shī liú táng
“米雅老师，你看到憨憨了吗？他到现在还没有回家。”猪爸担心憨憨犯了什么错误，被老师留堂。

miàn duì zhè zhǒng qíng kuàng mǐ yǎ lǎo shī shuō dào gǎn jǐn bào jǐng ba
面对这种情况，米雅老师说道：“赶紧报警吧。”

wèi shén me yào bào jǐng mǐ yǎ lǎo shī shì zhè me tuī lǐ de zhèng cháng fàng xué shí jiān xué shēng què méi yǒu zhèng cháng guī jiā ér qiě wāng yī míng shuài kè hé hān hān dōu zài tóng yì shí jiān duàn shī zōng zhè yì wèi zhe kě néng fā shēng le yì chǎng bù xiǎo de yì wài huò xǔ yǔ guǎi mài ér tóng bǎng jià děng è xìng àn jiàn yǒu guān
为什么要报警？米雅老师是这么推理的：正常放学时间，学生却没有正常归家，而且汪一鸣、帅克和憨憨都在同一时间段失踪，这意味着可能发生了一场不小的“意外”，或许与“拐卖儿童”“绑架”等恶性案件有关……

2 火星总部的“阴谋”

米雅老师带着猪爸、狗妈和鸡妈，连忙赶到啄木鸟警长的办公室，向他报告了案情。

“想一想，你们最近得罪过谁？或者，有没有招惹过谁？”啄木鸟警长已经安排了人员去查看监控，他希望这边也能问出一些相关的线索。

啄木鸟警长推测：如果没有招惹他人招致报复，监控探头也没有发现“交通事故”，那么用排除法可以推断，这是一起恶性绑架案件！

猪爸几人陷入了沉思，他们在思索啄木鸟警长说的话。

突然，猪妈闯进警长室，大声说道：“报告警长，我们猪家可能与火星探险队的黑吉队长结下了仇怨。我怀疑黑吉在田里一无所获，觉得受到了戏弄，便采取了绑架行动，对动物小学的科考小队员实施报复。”

zuì zhōng tōng guò jiān kòng tàn tóu fā xiàn tā men de shī zōng dí què yǔ huǒ
最终通过监控探头发现，他们的失踪的确与火
xīng tàn xiǎn duì yǒu guān
星探险队有关。

dāng tiān fàng xué shí huǒ xīng zhū méng méng jià shǐ fēi dié zài hān hān huí
当天放学时，火星猪萌萌驾驶飞碟，在憨憨回
jiā de bì jīng zhī lù shàng kōng chuí xià yì gēn zhuā shǒu zhǔn què de jiāng tā zhuā
家的必经之路上空垂下一根抓手，准确地将他抓
qǐ huǒ xīng jī dá kè zé shǐ yòng le yì zhǒng yīn zhāo xiān hòu zài wāng yī
起。火星鸡达克则使用了一种“阴招”，先后在汪一
míng hé shuài kè qián fāng dī kōng pán xuán lì yòng qiáng dà de xī lì fēn bié jiāng
鸣和帅克前方低空盘旋，利用强大的吸力分别将
tā men xī jìn fēi dié
他们吸进飞碟。

zhè jiù shì huǒ xīng zǒng bù jì huà de shí shī qíng kuàng
这就是火星总部“001计划”的实施情况！

3 jué mì cè shì tí
绝密“测试题”

yè mù rú mò lǒng zhào zhe yí qiè
夜幕如墨，笼罩着一切。

wāng yī míng hān hān hé shuài kè bèi dài
汪一鸣、憨憨和帅克被带
jìn le huǒ xīng nóng chǎng sì zhōu shì gāo qiáng
进了火星农场，四周是高墙，

黑吉坐在一张老板椅上，得意洋洋地晃动着双腿。

“给他们做测试。”黑吉对萌萌示意。

原来，火星总部在“001计划”的指示中，要求黑吉用三道测试题来检测地球生物的智慧，为将来找到智慧泉作准备。

萌萌向憨憨提出第一道测试题：“我们三个人的体重各是多少千克？请你把我们的名字写在这个表里。”

黑吉

萌萌

达克

25千克	28千克	23千克

憨憨拿着试题，脑袋一片空白，完全不知道为什么要做题。

萌萌向汪一鸣提出第二道测试题：“甲、乙、丙、丁四名运动员进行跑步比赛，甲说丙在他前面冲过终点；乙说他在甲的后面，丁的前面。请你排出他们的名次。”

汪一鸣张了张嘴，却因为害怕，一句话也说不出来。

萌萌向帅克提出了第三道测试题：“右边的方格中，每行、每列都有‘我爱火星’四个汉字，并且每个汉字在每行、每列只出现一次。请你把表格填完整。”

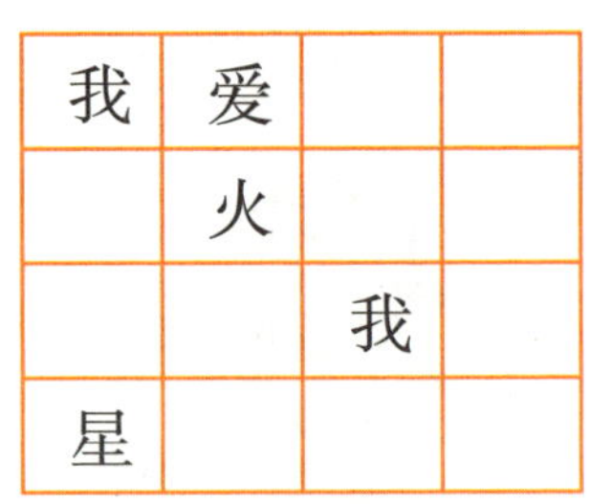

我	爱		
	火		
		我	
星			

帅克听了，手足无措，什么也回答不出来。

按照火星总部的计划，如果三道测试题都被回答出来了，说明地球生物智商极高，黑吉就会立马放

人，但是他会偷偷在憨憨几个身上安装监测器，长期监测智商变化；如果只回答出两道测试题，说明地球生物智商合格，可以放走答出问题的人，并进行监测；如果只回答出一道测试题，或者全都答不出来，说明地球生物智商不合格，需要关押起来，直接进行研究……

“给你们一天时间，去思考这三道测试题，明天晚上同一时间，我们将会过来听你们的回答。”说完，黑吉发出了一声轻笑，让憨憨三人毛骨悚然。

是的，他们被关在火星农场的高墙大院里，无法像猴子爬墙那样逃脱，也没有鸟儿飞行的本领，只能等待命运的宣判。

4 逃出“火星农场”

灯火通明的啄木鸟警长办公室里，大家紧张地商讨着救援计划。

他们根据已经了解到的信息进行推理，憨憨几人被绑架后关押的地点可能有两处。

第一处是火星基地，不过一般情况下，他们是不会把地球生物带回自己老巢的；第二处是火星农场，主要研究地球生物的基因密码，关在这里的可能性最大！

“我们不能再拖延了，要尽快前往火星农场。”啄木鸟警长说道。

“但是，我们该怎么救他们呢？即使我们知道他们被关在火星农场，可那里是高墙大院，谁能进得去呢？”狗妈着急地问道。

“我们可以利用巨大的风筝，用来进行营救，如何？”情急之下，啄木鸟警长冒出了一个主意，“风筝上面就是孩子们的照片，他们一看就会明白，这是为了营救他们而制作的风筝。”

于是，猪爸连夜制作风筝。

在夜幕的掩护下，啄木鸟警长指挥猪爸首先放飞了一只风筝，上面是憨憨的照片，旁边还跟着几只照明的萤火虫。

正在思考火星测试题的憨憨偶然抬头一看，立刻注意到了风筝。在萤火虫的辉光中，他看到上面是自己的照片，立即明白这只风筝是来救自己的。憨憨紧紧抓住从风筝上垂下来的绳梯，借着风力飘出了火星农场的高墙。

接着，他们用同样的方法，相继救出了帅克和

wāng yī míng
汪一鸣！

yíng jiù chéng gōng le zhuó mù niǎo jǐng zhǎng zhōng yú sōng le yì kǒu qì
“营救成功了！”啄木鸟警长终于松了一口气。

dōng fāng yù xiǎo lù chū le yú dù bái
东方欲晓，露出了鱼肚白。

wāng yī míng shuài kè hé hān hān sān rén yǔ gǒu mā jī mā zhū bà
汪一鸣、帅克和憨憨三人，与狗妈、鸡妈、猪爸

hé zhū mā jī dòng de yōng bào zài yì qǐ
和猪妈激动得拥抱在一起！

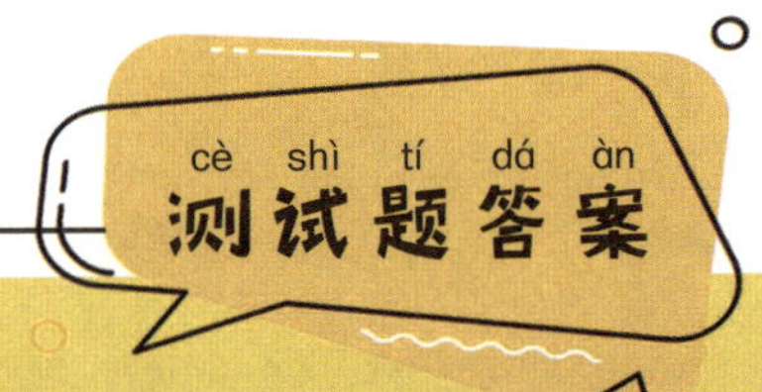

dì yī dào cè shì tí
第一道测试题：

萌萌	黑吉	达克
25千克	28千克	23千克

dì èr dào cè shì tí dì yī míng shì bǐng dì èr míng shì jiǎ
第二道测试题：第一名是丙，第二名是甲，

dì sān míng shì yǐ dì sì míng shì dīng
第三名是乙，第四名是丁。

dì sān dào cè shì tí
第三道测试题：

我	爱	火	星
爱	火	星	我
火	星	我	爱
星	我	爱	火

风筝是怎么飞起来的？

小小科学家

风筝是利用空气动力飞行的，它的飞行原理可以用以下几个关键词来总结：风、升力、重力和拉力。

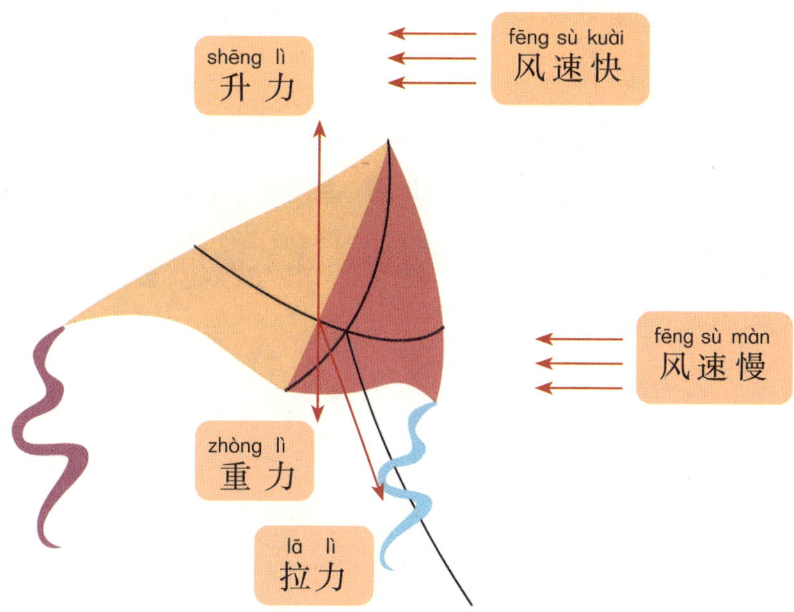

风：当风筝在空中时，将空气分成上下两层。通过风筝下层的空气被风筝表面阻挡，空气

速度降低，气压升高；上层的空气流量增大，导致气压降低；这种气压差产生了升力，正是这种力使风筝上升。

重力：重力是指地球对物体的吸引力，关系到风筝的自身重量。

拉力：拉力是指由系在风筝上的线所产生的力。通过牵引线，放风筝的人可以控制风筝的角度和姿态。

风筝的形状和尾巴的设计也影响它的飞行性能。不同形状和尾巴的风筝可以实现不同的平衡和稳定性，使其在飞行过程中更加平稳。